山东省 主要农业气象 灾害风险评估与区划

薛晓萍 等◎著

U0247799

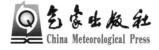

气象出版社
China Meteorological Press

内 容 简 介

　　本书概述了农业气象灾害风险区划的理论与方法,利用 1991—2020 年山东省地面气象观测资料,基于农业气象灾害指标,选取主要致灾因子,综合气象、经济、社会、自然环境等因素,从危险性、暴露性、脆弱性、防灾减灾能力四个方面确定农业气象灾害风险区划因子,开展了山东省干旱、高温、霜冻等 6 种主要农业气象灾害风险区划。区划结果对区域农业农村经济发展有重要指导作用,可为农业部门、生产大户因地制宜优化种植业布局以及应对农业气象灾害提供参考。

图书在版编目（ＣＩＰ）数据

　　山东省主要农业气象灾害风险评估与区划 / 薛晓萍
等著. -- 北京 : 气象出版社, 2023.10
　　ISBN 978-7-5029-8082-5

　　Ⅰ. ①山… Ⅱ. ①薛… Ⅲ. ①农业气象灾害－风险评
价－山东②农业气象－气候区划－山东 Ⅳ. ①S42
②S162.225.2

　　中国国家版本馆CIP数据核字(2023)第205890号

山东省主要农业气象灾害风险评估与区划
Shandong Sheng Zhuyao Nongye Qixiang Zaihai Fengxian Pinggu yu Quhua

出版发行:气象出版社

地　　址	北京市海淀区中关村南大街 46 号	**邮政编码**	100081
电　　话	010-68407112(总编室)　010-68408042(发行部)		
网　　址	http://www.qxcbs.com	**E-mail**	qxcbs@cma.gov.cn
责任编辑	张　嫒	**终　审**	张　斌
责任校对	张硕杰	**责任技编**	赵相宁
封面设计	艺点设计		
印　　刷	北京建宏印刷有限公司		
开　　本	787 mm×1092 mm　1/16	**印　张**	10.5
字　　数	268 千字		
版　　次	2023 年 10 月第 1 版	**印　次**	2023 年 10 月第 1 次印刷
定　　价	90.00 元		

著者名单

组　长:薛晓萍　陈　辰

成　员（按拼音顺序排序）:

　　　　董智强　冯建设　李曼华

　　　　李　楠　张继波　张　乾

山东省是农业大省,种植作物种类繁多,素有"粮棉油之库""北方落叶果树的王国"之称。主要作物有小麦、玉米、大豆、棉花、花生等,是我国粮、棉、油主产区之一。气象灾害种类多,高温、干旱、霜冻等是常见的气象灾害,给农业生产带来了较为明显的影响。本书选取了干旱、高温、渍涝、干热风、霜冻、连阴天6种主要农业气象灾害,通过灾害调查、试验、查阅文献、专家咨询等途径,充分分析各类农业气象灾害的致灾原理、历史发生规律等危险性,结合社会、经济及自然环境,充分考虑环境脆弱性、承灾体暴露性及防灾减灾能力,开展了各单因子空间分布特征分析及综合区划;利用层次分析和加权综合评价法,开展了农业气象灾害风险区划;为农业气象灾害风险管理、种植结构调整、防灾减灾等提供了科技支撑。

本书由薛晓萍负责整体设计、技术把关与审核,陈辰负责全书统稿、协调联系、返修意见汇总等工作。具体分工如下:干旱、干热风风险区划部分由李楠负责完成,高温、霜冻风险区划部分由张继波负责完成,连阴天风险区划部分由陈辰负责完成,渍涝风险区划部分由张乾负责完成,冯建设、李曼华、董智强负责研究概况和全书核稿等工作。

由于作者水平有限,本书难免有不足之处,敬请读者批评指正。

作者

2023 年 6 月

前言

目录
MULU

第一章　概　述

第一节　山东省概况与农业气象灾害

一、地理位置

　　山东省位于中国东部海岸,地处黄河下游,位于 114°36′—122°43′E,34°25′—38°23′N(图 1.1),境域包括半岛和内陆两部分,山东半岛突出于渤海、黄海之中,同辽东半岛遥相对峙;内陆部分自北而南与河北、河南、安徽、江苏 4 省接壤。据 2020 年《山东省统计年鉴》,山东省土地面积为 15.80 万 km²。

图 1.1　山东省行政区划

　　山东省分属于黄、淮、海 3 大流域,境内主要河流除黄河横贯东西、大运河纵穿南北外,其余中小河流密布全省,主要湖泊有南四湖、东平湖、白云湖、青沙湖、麻大湖等。地形复杂,泰山雄踞中部,主峰海拔高度为 1532.7 m,为全省最高点;黄河三角洲一般海拔高度为 2～10 m,为全省陆地最低处。境内以平原、山地、丘陵等地貌为主,其中,西部、北部是黄河冲积而成的鲁西北平原区,是华北大平原的一部分;中南部为山地丘陵区;东部大都是起伏和缓的波状丘陵区。

二、气候概况

山东地处东亚中纬度,属于暖温带季风气候,降水集中,雨热同季,四季分明。春季天气多变,多风少雨;夏季盛行偏南风,炎热多雨;秋季天气清爽,冷暖适中;冬季多偏北风,寒冷干燥。

全省年平均气温 13.8 ℃,基本遵循由西向东递减的分布规律,各地在 11.9(成山头)~15.4 ℃(邹城),其中鲁南大部及鲁西北、鲁中部分地区在 14 ℃以上,半岛大部地区在 13 ℃以下,其他地区在 13~14 ℃。各地极端最高气温在 32.7(成山头)~43.0 ℃(邹平),其中鲁南、鲁西北西部、鲁中部分地区在 41 ℃以上,半岛东部地区在 39 ℃以下,其他地区在 39~41 ℃。各地极端最低气温在 -22.6(阳信)~-12.9 ℃(成山头),鲁西北、鲁中部分地区及鲁南、半岛局部在 -18 ℃以下,鲁南、半岛部分地区在 -15 ℃以上,其他地区在 -18~-15 ℃。

全省年平均降水量 665.9 mm,呈南多北少分布,各地在 510.3(武城)~881.8 mm(临沂),其中鲁南、鲁中、半岛东部部分地区在 700 mm 以上,鲁西北部分地区及鲁中、鲁西南局部在 600 mm 以下,其他地区在 600~700 mm。

全省年平均日照时数 2323.5 h,呈北多南少分布,各地在 1923.4(成武)~2654.8 h(龙口),其中半岛大部、鲁西北部分地区及鲁中局部在 2400 h 以上,鲁南部分地区及鲁中、鲁西南局部在 2200 h 以下,其他地区在 2200~2400 h。

山东省气象灾害种类多,按照出现频率高低和危害的严重性,依次为暴雨洪涝、强对流(雷电、雷暴大风和冰雹)、雾/霾、寒潮与低温冷害、大风、热带气旋、雪灾、高温、干旱和干热风等,是中国气象灾害最严重的省份之一。尤其在气候变暖背景下,全球气候不断出现大范围异常现象,极端天气气候事件频率也呈现增加趋势,给社会经济的持续发展、农业生产、人民生命财产造成了严重影响和损失。

三、自然资源概况

山东省位于华北平原东部,平原地区占全省面积的一半以上,因而地势总体较平缓,绝大部分地区坡度都在 1.5°以下,尤其鲁西北、鲁西南地区;中部山区坡度相对较大,其中,大于10°的地区分布于淄博、济南、泰安、日照、烟台、青岛、威海及枣庄、临沂的北部,全区大于 30°的陡坡极少,主要分布于泰安市泰山区附近。山东省坡度空间分布如图 1.2 所示。

各坡向空间分布较为均匀,其中无坡主要分布在鲁西北东部地区,偏南坡、东坡、西坡、偏北坡在全省分布较为均匀。无坡、偏南坡(包括南坡、东南坡和西南坡)、东坡、西坡、偏北坡(包括北坡、东北坡和西北坡)面积占全省面积比分别为 1.7%、39.4%、10.1%、10.2%、38.6%。山东省坡向空间分布如图 1.3 所示。

海拔高度相对较低,平均海拔高度在 90 m 左右;总体趋势为中心高于四周,其中约 1/10的地区海拔高度小于 50 m,大部分分布于鲁西北、鲁西南等地;海拔高度大于 300 m 的地区集中分布于泰安市,淄博市的沂源、博山等地,以及济南市历城区和临沂市平邑县等山区地带,另外,以烟台市的栖霞为中心的半岛地区海拔也相对较高。山东省海拔高度空间分布如图 1.4 所示。

山东省河网密度西北部明显较全省其他地区高,尤其沿黄河周围河网密度偏大,高值区主要分布在德州市、滨州市、济南市等地部分地区,最高值为 22.4 km/km²;其他地区均属于低值区,河网密度最低值为 0。山东省河网密度空间分布如图 1.5 所示。

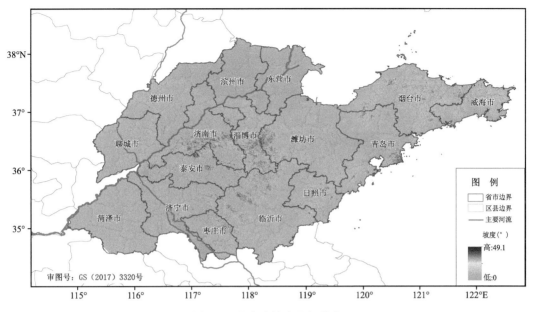

图 1.2　山东省坡度空间分布

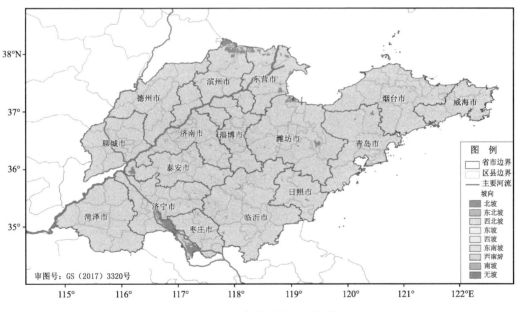

图 1.3　山东省坡向空间分布

　　山东省土地利用类型主要包括 6 种,即耕地、林地、草地、水域、建设用地和未利用地,分别占山东省面积的 64.7％、6.4％、8.3％、3.8％、15.7％、1.1％。其中,耕地为山东省主要土地利用类型,各市均有较大面积分布;林地、草地在淄博市、济南市、烟台市等地分布较为集中;水域分布不集中;建设用地主要分布在各市的中心地带;未利用地所占面积极少。山东省土地利用类型空间分布如图 1.6 所示。

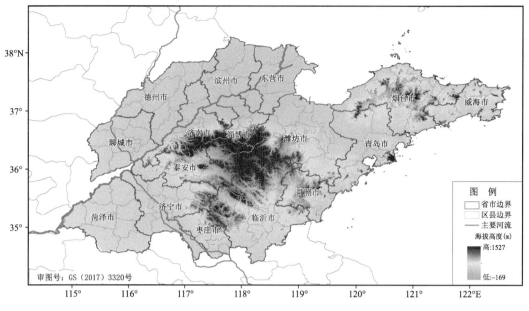

图 1.4　山东省海拔高度空间分布

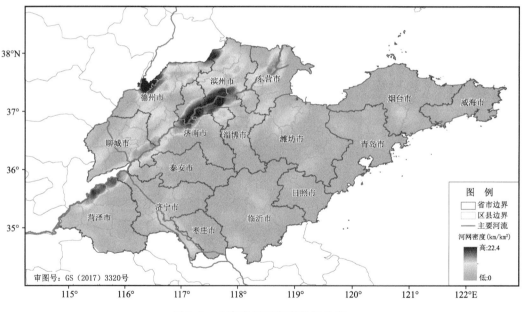

图 1.5　山东省河网密度空间分布

山东省壤土分布最广，全省约 48.3％ 的区域为壤土；沙质黏壤约占全省总面积的 22.9％，在全省均有分布；黏土主要分布在高密、河口、无棣等地，占比约为 3.8％。沙壤土、壤质沙土、粉壤土、黏质壤土、沙土在全省零散分布，占比分别约为 9.5％、7.0％、5.7％、2.4％、0.4％。山东省土壤质地如图 1.7 所示。

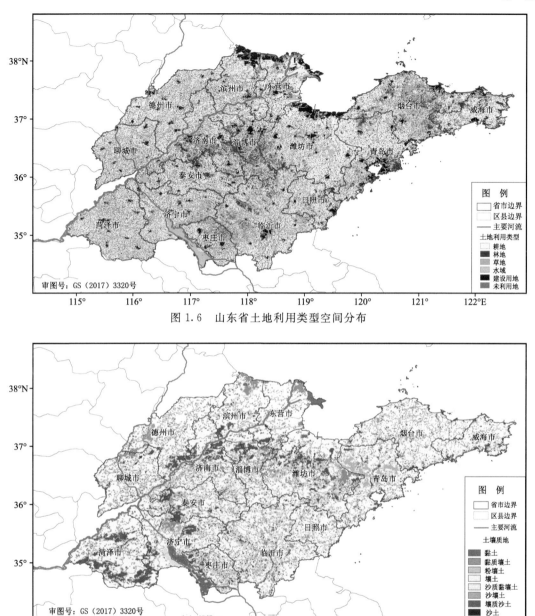

图 1.6　山东省土地利用类型空间分布

图 1.7　山东省土壤质地空间分布

四、社会经济概况

据 2018—2020 年①《山东省统计年鉴》统计，山东省各市行政区面积不同。高值区分布在临沂市和潍坊市，其中，临沂行政区面积最大，为 17191 km²；烟台市、菏泽市、青岛市、德州市、济宁市次之；低值区分布在威海市、淄博市、日照市、枣庄市等地，其中枣庄市行政区面积最小，

---

①　若无特别说明，后面提到的数据都是 2018—2020 年这三年的平均值。

为 4564 km²。山东省行政区面积空间分布如图 1.8 所示。

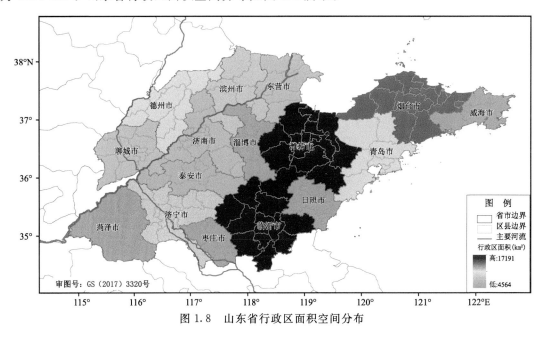

图 1.8　山东省行政区面积空间分布

各地区建设用地面积存在差异,其中,潍坊市、临沂市、青岛市建设用地面积分别为 316723 hm²、295487 hm²、258070 hm²;其次为菏泽市、烟台市、德州市、济宁市、滨州市、济南市及聊城市等地,建设用地面积在 170000~230000 hm²;而东营市、泰安市、淄博市、枣庄市、威海市、日照市等地建设用地面积较小,在 140000 hm² 以下,其中日照建设用地面积最小,为 88590 hm²。山东省建设用地面积空间分布如图 1.9 所示。

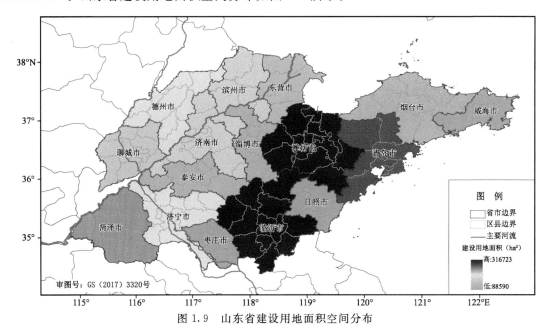

图 1.9　山东省建设用地面积空间分布

山东省总人口数高值区分布在临沂市、青岛市、潍坊市,其中,总人口数最多的是临沂市,为 1006.7 万人；德州市、聊城市、济南市、泰安市、济宁市、菏泽市、烟台市次之；总人口数低值区分布在滨州市、枣庄市、日照市、威海市、淄博市、东营市，其中，总人口数最少的是东营市，为218 万人。山东省总人口数空间分布如图 1.10 所示。

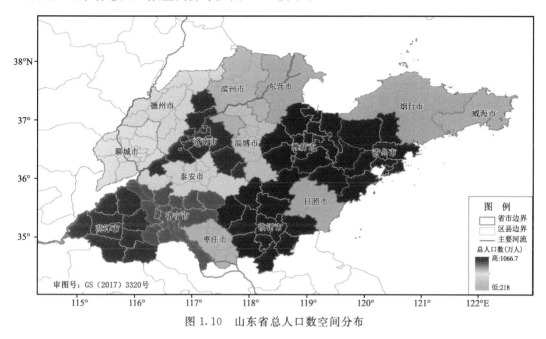

图 1.10　山东省总人口数空间分布

人口密度高值区主要分布济南市、枣庄市及青岛市，其中，济南市人口密度最大，为 0.11万人/km²；淄博市、聊城市、菏泽市、济宁市、泰安市、临沂市次之；低值区分布在滨州市、威海市、东营市等地，其中，东营市人口密度最小，为 0.03 万人/km²。山东省人口密度空间分布如图 1.11 所示。

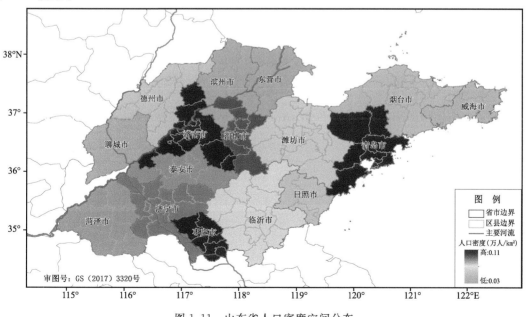

图 1.11　山东省人口密度空间分布

总 GDP 高值区分布在青岛市和济南市,其中,青岛市总 GDP 最高,为 11741.3 亿元;烟台市、潍坊市次之;低值区分布在威海市、日照市、聊城市、枣庄市等地,其中,总 GDP 枣庄市最低,为 1693.9 亿元。山东省总 GDP 空间分布如图 1.12 所示。

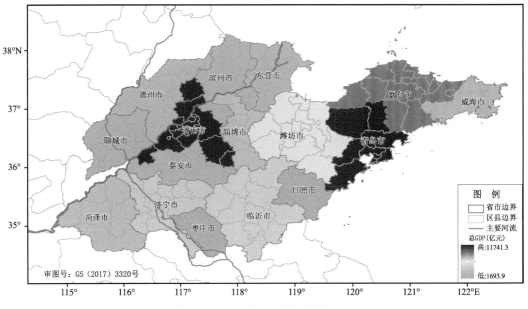

图 1.12　山东省总 GDP 空间分布

人均 GDP 高值区位于东营市、青岛市,其中,东营市人均 GDP 最高,为 133788.6 元/人;威海市、烟台市、济南市、淄博市次之;低值区分布在菏泽市、枣庄市、临沂市及聊城市等地,其中,聊城市人均 GDP 最低,为 37056.6 元/人。山东省人均 GDP 空间分布如图 1.13 所示。

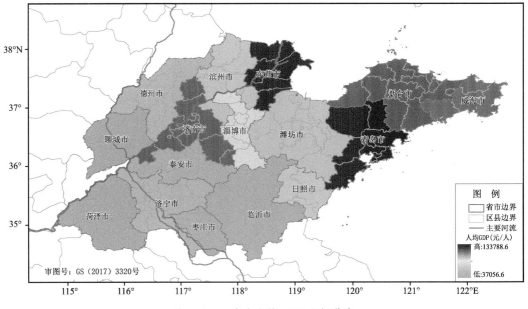

图 1.13　山东省人均 GDP 空间分布

　　农民人均收入高值区分布在青岛市、威海市,其中,青岛市农民人均收入最高,为 22573 元/人;次高值区主要位于烟台市、潍坊市、淄博市、济南市、东营市、泰安市;农民人均收入低值区主要位于聊城市、菏泽市、临沂市等地,其中,临沂市农民人均收入最低,为 14176 元/人。山东省农民人均收入空间分布如图 1.14 所示。

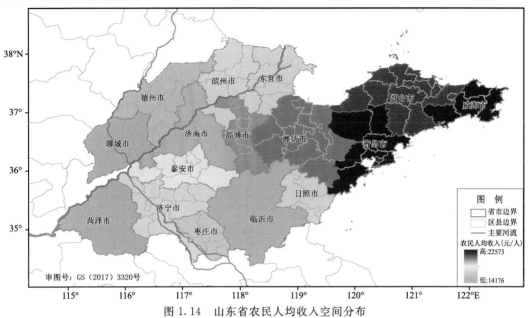

图 1.14　山东省农民人均收入空间分布

　　水利设施面积高值区分布在东营市、潍坊市、临沂市,其中,东营市水利设施面积最大,为 33543 hm²,滨州市、德州市、济宁市、烟台市、青岛市次之;低值区为聊城市、淄博市、枣庄市、威海市等地,其中,威海市水利设施面积最小,为 4281 hm²。山东省水利设施面积空间分布如图 1.15 所示。

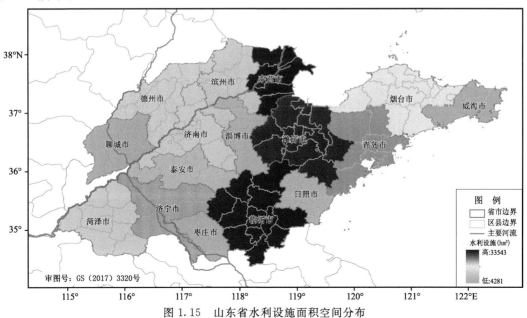

图 1.15　山东省水利设施面积空间分布

菏泽市灌溉面积最大,为 646470 hm²;其次为潍坊市、济宁市、聊城市及德州市,灌溉面积在 400000～500000 hm²;日照市、威海市、淄博市、东营市及枣庄市的灌溉面积相对较少,在200000 hm² 以下;其他地区在 200000～400000 hm²①。山东省灌溉面积空间分布如图 1.16 所示。

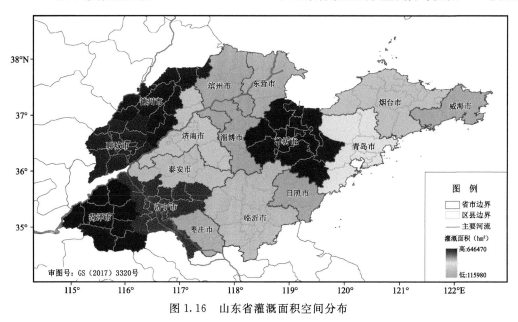

图 1.16　山东省灌溉面积空间分布

化肥投入量高值区主要分布在菏泽市、潍坊市两地,其中,菏泽市投入量最大,为 446242 t;济宁市、聊城市、德州市、临沂市以及烟台市属于次高值区;东营市、威海市、日照市、淄博市等地为低值区,淄博市最小,为 81846 t。山东省化肥投入量空间分布如图 1.17 所示。

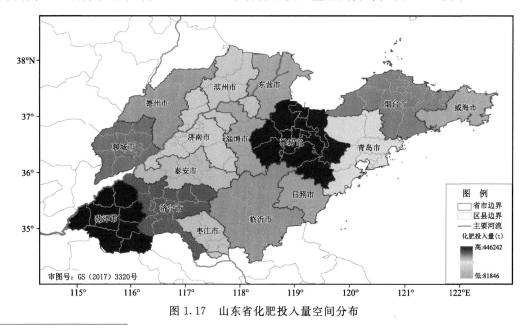

图 1.17　山东省化肥投入量空间分布

① 本书在进行统计时,将相邻区间重复界限值归为上一级统计区间计算,例如:200000～400000 hm²,其分级实际区间值为(200000,400000];下同,即本书中所有区间值均采取此方法统计计算。

枣庄市、淄博市、潍坊市农村人均用电量较大，其中，枣庄市最大，为1503.1 kW·h/人；菏泽市、威海市次之；其他地区农村人均用电量均较小，东营市最小，为266.1 kW·h/人。山东省农村人均用电量空间分布如图1.18所示。

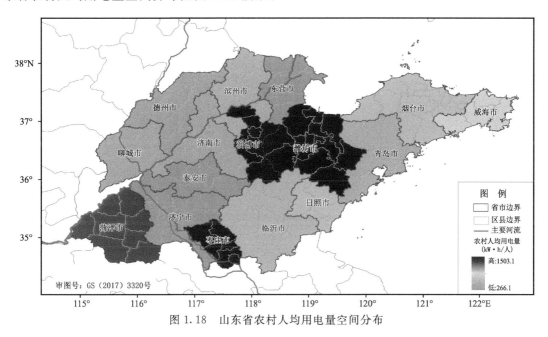

图1.18 山东省农村人均用电量空间分布

在校生人数高值区主要分布在济南市、菏泽市，其中，济南市在校生人数最多，为6625233人；济宁市、泰安市、临沂市、潍坊市、青岛市次之；在校生人数低值区主要位于聊城市、滨州市、东营市、日照市、枣庄市和威海市等地，其中，威海市在校生人数最少，为390983人。山东省在校生人数空间分布如图1.19所示。

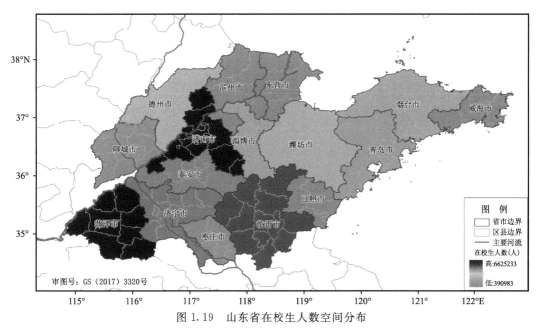

图1.19 山东省在校生人数空间分布

11

山东省各市死亡率各不相同。滨州市、烟台市死亡率相对较高,滨州市最高,为 13.6‰;潍坊市、威海市、聊城市、泰安市、菏泽市、济南市、青岛市次之;德州市、枣庄市、临沂市等地死亡率较低,其中,临沂市最低,为 4.6‰。山东省人口死亡率空间分布如图 1.20 所示。

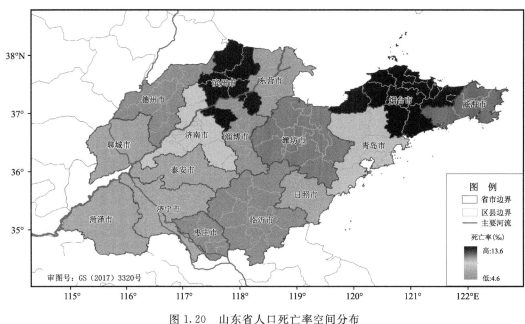

图 1.20　山东省人口死亡率空间分布

五、农业生产概况

山东省是农业大省,种植作物种类繁多,素有"粮棉油之库""北方落叶果树王国"之称。主要作物有小麦、玉米、大豆、棉花、花生等,是全国粮食、棉花、油料作物的主要产区之一,产品产量和质量均名列全国前茅。

山东省农作物播种面积高值区位于菏泽市、德州市,其中,菏泽市农作物播种面积最大,为 1545189 hm²;聊城市、济宁市、临沂市、潍坊市等地次之;低值区分布在东营市、淄博市、日照市、威海市等地,其中,威海市农作物播种面积最小,为 200135 hm²。山东省农作物播种面积空间分布如图 1.21 所示。

经济作物面积高值区主要分布在菏泽市、临沂市,其中,菏泽市经济作物种植面积最大,为 359747 hm²;济宁市、潍坊市、青岛市次之;低值区分布在滨州市、东营市、日照市、威海市、淄博市等地,其中,淄博市经济作物面积最小,为 33623 hm²。山东省经济作物播种面积空间分布如图 1.22 所示。

果园面积高值区主要分布在烟台市、临沂市,其中,烟台市果园面积最大,为 170261 hm²;低值区主要分布在菏泽市、聊城市、德州市、东营市等地,其中,东营市最低,为 3451 hm²。山东省果园面积空间分布如图 1.23 所示。

小麦种植面积高值区分布在菏泽市、德州市,其中,菏泽市小麦种植面积最大,为 614968 hm²;聊城市、济宁市、潍坊市、临沂市、滨州市等地次之;低值区分布在烟台市、东营市、淄博市、日照市、威海市等地,其中,威海市小麦种植面积最小,为 48935 hm²。山东省小麦种植面积面积空

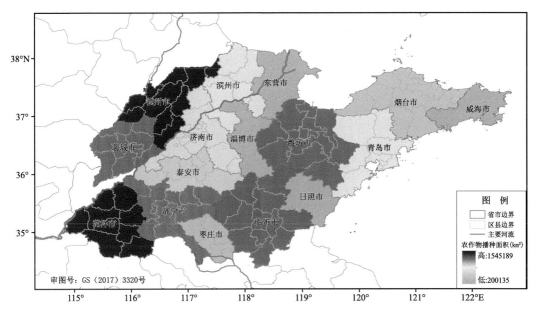

图 1.21　山东省农作物播种面积空间分布

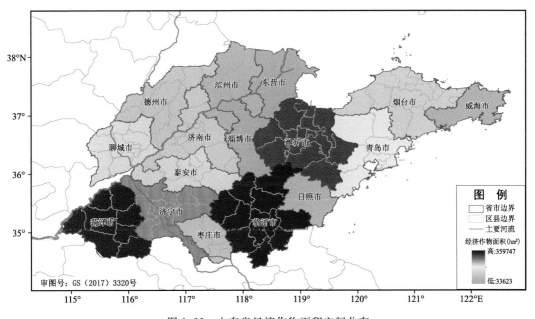

图 1.22　山东省经济作物面积空间分布

间分布如图 1.24 所示。

　　菏泽市、德州市、聊城市等地玉米种植面积较大,菏泽市玉米种植面积最大,为 536757 hm²;东营市、淄博市、威海市、日照市等地玉米种植面积相对较少,日照市最少,为 62113 hm²。山东省玉米种植面积空间分布如图 1.25 所示。

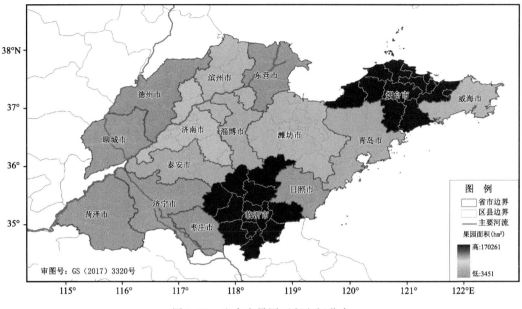

图 1.23　山东省果园面积空间分布

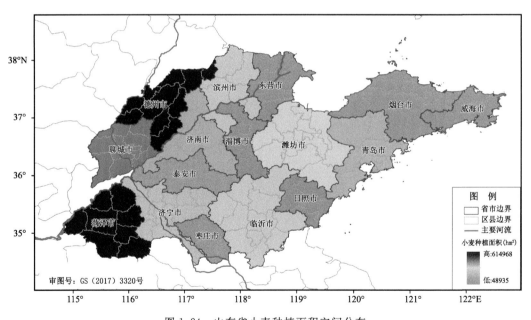

图 1.24　山东省小麦种植面积空间分布

大豆种植面积高值区分布在济宁市、菏泽市,其中,济宁市大豆种植面积最大,为 45027 hm²;泰安市、临沂市、烟台市、东营市、枣庄市次之;大豆种植面积低值区分布在聊城市、德州市、滨州市、日照市、淄博市等地,其中,淄博市大豆种植面积最小,为 911 hm²。山东省大豆种植面积空间分布如图 1.26 所示。

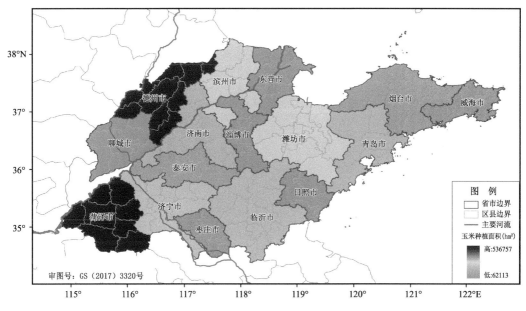

图 1.25　山东省玉米种植面积空间分布

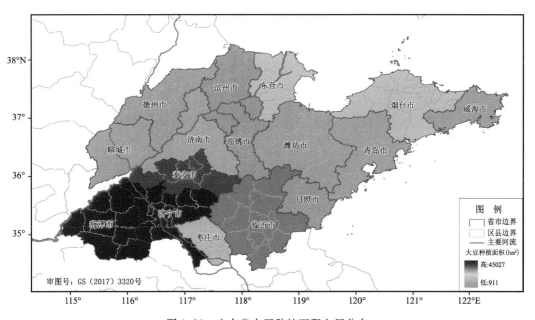

图 1.26　山东省大豆种植面积空间分布

　　棉花种植面积高值区分布在菏泽市和济宁市,其中,菏泽市棉花种植面积最大,为 61778 hm²;东营市、滨州市、德州市次之;其他地区为棉花种植面积相对低值区,其中,威海市、青岛市、烟台市等地无棉花种植。山东省棉花种植面积空间分布如图 1.27 所示。

　　花生种植面积高值区分布在临沂市、烟台市,其中,临沂市花生种植面积最大,为 166899 hm²;

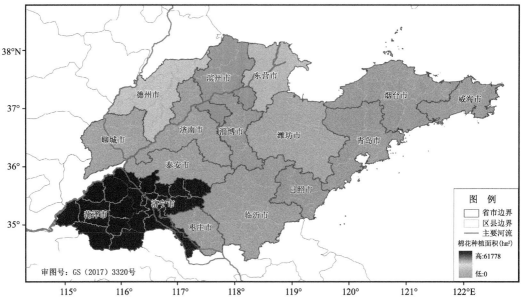

图 1.27　山东省棉花种植面积空间分布

青岛市、威海市、日照市、泰安市、菏泽市、潍坊市次之；花生种植面积低值区分布在滨州市、德州市、聊城市、淄博市、东营市等地，其中，东营市花生种植面积最小，为 599 hm²。山东省花生种植面积空间分布如图 1.28 所示。

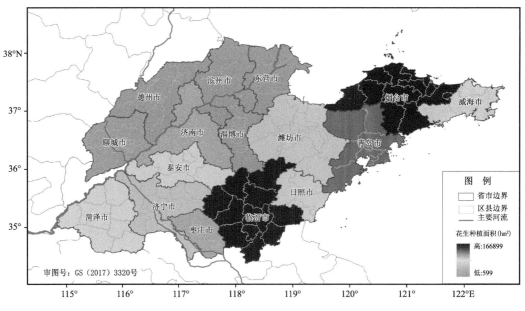

图 1.28　山东省花生种植面积空间分布

第二节　资料来源与方法

一、资料来源

本书采用了山东省 1991—2020 年全省 122 个地面气象观测站逐日气象观测资料,包括平均气温、最高气温、最低气温、降水量、日照时数、风速等要素,来源于山东省气象数据中心;所使用土地利用类型资料来源于中国科学院地理科学与资源研究所;行政边界及地形资料来源于国家气象信息中心;作物种植面积、人口、经济等社会要素信息来源于 2018—2020 年《山东省统计年鉴》。

二、原理与方法

(一)灾害风险评估原理

基于自然灾害风险形成理论,气象灾害风险是由致灾因子危险性、承灾体暴露性、承灾体脆弱性和防灾减灾能力 4 个部分共同形成。每个因子又是由一系列子因子组成。其表达式为:

$$灾害风险 = f(致灾因子危险性、承灾体暴露性、承灾体脆弱性、防灾减灾能力) \quad (1.1)$$

1. 致灾因子危险性:包括气象因子危险性和孕灾环境敏感性。凡是有可能导致灾害的气象因素均可称为气象致灾因子,存在于成灾环境中的气象致灾因子大多数是某种自然现象和时空规律的反常,或者自然界物质、能量交换过程中出现的某种异常。一般气象因子危险性越大,气象灾害的风险也越大。孕灾环境敏感性是指可能造成气象灾害的自然环境因素。灾害成灾环境主要有以下几点:大气环流和天气系统、水文系统(流域、水系、水温变化等)、土壤因素(土壤类型、质地、持水量等)、地形地貌(海拔、高差、走向、形态等)和植被状况(植被类型、覆盖度、分布等)。自然要素变异程度越大,其灾害危险性也越大。

2. 承灾体暴露性:承灾体是致灾因子作用的对象,是承受灾害的实体。承灾体暴露性是承灾个体暴露在致灾因子/孕灾环境下显示的性质,反映外界冲击对承灾体的具体影响。暴露性是致灾因子与承灾体相互作用的结果,反映承灾体暴露在外部环境的性质,是承灾体内外特性的综合。只有暴露在自然灾害中的承灾体才有可能产生损失,暴露是灾害风险产生的直接原因,它是灾害风险存在的必要条件。

3. 承灾体脆弱性:灾害只有作用在相应的对象即人类及其社会经济活动时,才能够形成灾害。具体是指在给定危险地区存在的所有可能受到致灾因子威胁的对象,由于潜在的危险因素而造成的危害或损失程度,其综合反映了气象灾害的损失程度。一般承灾体脆弱性越低,灾害损失越小,灾害风险也越小,反之亦然。承灾体脆弱性的大小,既与其承灾体的类型、结果等有关,也与抗灾能力有关。

4. 防灾减灾能力:是指用于防御和减轻气象灾害的各种管理措施和对策,包括管理能力、减灾投入、资源准备等。管理措施越得当和管理能力越强,可能遭受潜在损失就越小,气象灾害的风险也越小。

(二)因子标准化

在区划过程中,由于所选因子的量纲不同,所以,需要将因子进行标准化。本区划根据具

体情况,采用极大值标准化和极小值标准化方法。表达式为:

极大值标准化:

$$X'_{ij} = \frac{|X_{ij} - X_{\min}|}{X_{\max} - X_{\min}} \tag{1.2}$$

极小值标准化:

$$X'_{ij} = \frac{|X_{ij} - X_{\max}|}{X_{\max} - X_{\min}} \tag{1.3}$$

式中,X_{ij} 为第 i 个因子的第 j 项指标;X'_{ij} 为去量纲后的第 i 个因子的第 j 项指标;$X_{\min}$、$X_{\max}$ 为该指标的最小值和最大值。式(1.2)和式(1.3),根据区划中因子与作物种植的适宜程度的关系而选择。如果因子与作物种植的适宜程度成正比,选用式(1.2),反之,选用式(1.3)。

(三)加权综合评价法

加权综合评价法综合考虑了各个因子对总体对象的影响程度,是把各个具体的指标综合起来,集成为一个数值化指标,用以对评价对象进行评价对比。因此,这种方法特别适用于对技术、策略或方案进行综合分析评价和优选,是最为常用的计算方法之一。其表达式为:

$$C_{vj} = \sum_{i=1}^{m} Q_{vij} W_{ji} \tag{1.4}$$

式中,C_{vj} 为评价风险指数,v 为评价因子,j 为评价因子的个数,i 为评价指标,Q_{vij} 是对于因子 v 的第 j 个指标,W_{ji} 是指标 i 的权重值($0 \leqslant W_{ji} \leqslant 1$),$m$ 是评价指标个数。

对于综合风险指数,表达式为:

$$I = \sum_{i=1}^{4} \lambda_i X_i \tag{1.5}$$

式中,I 表示综合风险指数,X_1、X_2、X_3、X_4 分别为影响灾害的致灾因子危险性、承灾体暴露性、承灾体脆弱性和防灾减灾能力指数,λ_1、λ_2、λ_3、λ_4 分别为四个因子指数的权重,其中,致灾因子危险性权重为 0.5,承灾体暴露性权重为 0.167,承灾体脆弱性权重为 0.167,防灾减灾能力权重为 0.167。

以干旱为例,对于干旱致灾因子危险性、承灾体暴露性、承灾体脆弱性和防灾减灾能力指数 4 个指标,表达式为:

$$W = \sum_{i=1}^{n} \lambda_i X_i \qquad (n = 1,2,3,\cdots) \tag{1.6}$$

式中,W 可分别表示干旱致灾因子危险性、承灾体暴露性、承灾体脆弱性和防灾减灾能力指数,X_i 为因子,λ_i 为因子权重,不同因子权重用层次分析法计算得到。

(四)层次分析法

层次分析法(AHP)是对一些较为复杂、较为模糊的问题做出决策的简易方法,它特别适用于那些难于完全定量分析的问题。它是美国运筹学家、匹兹堡大学萨蒂(T. L. Saaty)教授于20世纪70年代初提出的一种简便、灵活而又实用的多准则决策方法。层次分析法是一种定性与定量相结合的决策分析方法。决策法通过将复杂问题分解为若干层次和若干因素,在各因素之间进行简单的比较和计算,便可以得出不同方案重要性程度的权重,这为最佳方案的选择提供依据。其特点是:①思路简单明了,它将决策者的思维过程条理化、数量化,便于计算;②所需要的定量化数据较少,但对问题的本质,问题所涉及的因素及其内在关系分析比较透彻、清楚。

通过 AHP 构建判断矩阵 A，A 是由所有要素的相对重要性进行两两比较得到的标度值构成的，具体如下：

$$\begin{bmatrix} \dfrac{W_1}{W_1} & \dfrac{W_1}{W_2} & \cdots & \dfrac{W_1}{W_n} \\[2ex] \dfrac{W_2}{W_1} & \dfrac{W_2}{W_2} & \cdots & \dfrac{W_2}{W_n} \\[2ex] \vdots & \vdots & & \vdots \\[2ex] \dfrac{W_n}{W_1} & \dfrac{W_n}{W_2} & \cdots & \dfrac{W_n}{W_n} \end{bmatrix}$$

式中，$\dfrac{W_1}{W_n}$ 为第 1 个要素较第 n 个要素相对重要性比较的标度值；$\dfrac{W_n}{W_1}$ 为第 n 个要素较第 1 个要素相对重要性比较的标度值，两者互为倒数。

判断矩阵中两两要素相对重要性的比较，存在一个相对的尺度问题，根据心理学的研究，人们区分信息等级的极限能力为 7 ± 2。因此，AHP 引人 1～9 个标度（表 1.1）。

表 1.1　层次分析法（AHP）标度

标度 b_{ij}	定义
1	i 因素与 j 因素同等重要
3	i 因素较 j 因素略为重要
5	i 因素较 j 因素重要
7	i 因素较 j 因素非常重要
9	i 因素较 j 因素绝对重要
2,4,6,8	介于上述各等级之间
倒数	如果 i 因素相对于 j 因素权重为 b_{ij}，则 j 因素相对于 i 因素为 $b_{ji}=1/b_{ij}$

构建判断矩阵后，通过和积法求解判断矩阵的最大特征向量值及其所对应的特征向量，计算各指标权重系数，最后对判断矩阵进行一致性检验，判断矩阵排序结果是否具有令人满意的一致性。和积法计算步骤如下：

（1）将判断矩阵每一列归一化

$$\overline{b}_{ij} = b_{ij} / \sum_{k=1}^{n} b_{kj} \quad (i=1,2,\cdots,n) \tag{1.7}$$

（2）对按列归一化的判断矩阵，再按行求和

$$\overline{W}_i = \sum_{j=1}^{n} \overline{b}_{ij} \quad (i=1,2,\cdots,n) \tag{1.8}$$

（3）将向量 $\overline{\boldsymbol{W}} = [\overline{W}_1, \overline{W}_2, \cdots, \overline{W}_n]^{\mathrm{T}}$ 归一化

$$W_i = \overline{W}_i / \sum_{i=1}^{n} \overline{W}_i \quad (i=1,2,\cdots,n) \tag{1.9}$$

则 $\boldsymbol{W} = [W_1, W_2, \cdots, W_n]^{\mathrm{T}}$ 即为所求的特征向量。

（4）计算最大特征根

$$\lambda_{\max} = \sum_{i=1}^{n} \frac{(AW)_i}{nW_i} \tag{1.10}$$

式中,A 为判断矩阵,$(AW)_i$ 表示向量 AW 的第 i 个分量。

(5)检验判断矩阵是否具有令人满意的一致性,需要将 CI 与随机一致性指标 RI 进行比较。一般而言,1 或 2 阶判断矩阵具有完全一致性。对于 2 阶以上的判断矩阵,其一致性指标 CI 与同阶的平均随机一致性指标 RI 之比,称为判断矩阵的随机一致性比例,记为 CR。一般地,当 $CR = \dfrac{CI}{RI} < 0.1$ 时,就认为判断矩阵具有令人满意的一致性;否则,当 CR>0.1 时,就需要调整判断矩阵,直到满意为止。

$$CI = \frac{\lambda_{max} - n}{n - 1} \tag{1.11}$$

其中,CI 为一致性指标,λ_{max} 为最大特征根,n 为唯一非 0 特征根。

表 1.2 平均随机一致性指标 RI

阶数	1	2	3	4	5	6	7	8	9	10	11	12	13	14	15
RI	0	0	0.58	0.90	1.12	1.24	1.32	1.41	1.45	1.49	1.52	1.54	1.56	1.58	1.59

(五)空间插值方法

本书根据实际情况,分别采用线性回归方法、趋势面拟合方法及克里金(Kriging)插值方法对气象因子进行空间插值。其中,线性回归方法是对气象站中所缺失数据进行的插值;趋势面拟合方法是通过回归分析原理,运用最小二乘法拟合一个二维或多维非线性函数,模拟地理要素在空间上的分布规律,展示地理要素在地域空间上的变化趋势;Kriging 插值是对气象因子进行的 GIS 空间插值方法。原理分别如下。

1. 线性回归方法

线性回归模型描述两个要素之间的线性相关关系,如两个要素间存在显著的相关关系,就可以建立二者之间的线性回归方程,其表达式为:

$$\hat{y} = a + bx \tag{1.12}$$

式中,x 是自变数,$\hat{y}$ 是和 x 相对应的依变数的点估计值。a 和 b 为回归系数。

2. 趋势面拟合方法

趋势面分析是利用数学曲面模拟地理系统要素在空间上的分布及变化趋势的一种数学方法,实质上是通过回归分析原理,运用最小二乘法拟合一个二维非线性函数,模拟地理要素在空间上的分布规律,表达式为:

一阶趋势面模型:

$$z = a_0 + a_1 x + a_2 y \tag{1.13}$$

二阶趋势面模型:

$$z = a_0 + a_1 x + a_2 y + a_3 x^2 + a_4 xy + a_5 y^2 \tag{1.14}$$

式中,$a_0, a_1, a_2, a_3, a_4, a_5$ 分别代表影响地理要素基本因子的系数,z 为地理要素,x 和 y 为影响地理要素的基本因子。

3. Kriging 插值方法

Kriging 插值法就是根据一个区域内外若干信息样品的某些特征数据值,对该区域做出一种线性无偏和最小估计方差的估计方法。从数学角度来说,是一种求最优线性无偏内插估计量的方法。其适用范围为区域化变量存在空间相关性,即如果变异函数和结构分析的结果表明区域化变量存在空间相关性,则可以利用 Kriging 插值方法进行内插或外推。其实质是利用区域化变量的原始数据和变异函数的结构特点,对未知样点进行线性无偏、最优估计。Kriging 插值方法是通过对已知样本点赋权重来求得未知样点的值,表示为:

$$Z(x_0) = \sum_{i=0}^{n} \omega_i Z(x_i) \tag{1.15}$$

式中,$Z(x_0)$ 为未知样点的值,$Z(x_i)$ 为未知样点周围的已知样本点的值,ω_i 为第 i 个已知样本点对未知样点的权重,n 为已知样本点的个数。与传统插值法最大的不同是,在赋权重时,克里格方法不仅考虑距离,而且通过变异函数和结构分析,考虑了已知样本点的空间分布及与未知样点的空间方位关系。

三、空间尺度

本书采用 Kriging 插值方法将气象因子插值成规则的格点数据,采用平均分配栅格的原则对承灾体脆弱性、承灾体暴露性、防灾减灾能力中的社会经济指标进行精细化处理,数据空间分辨率设置为 1 km×1 km。

第二章 干旱灾害风险评估与区划

第一节 区划因子选择与权重确定

一、区划因子选择

干旱是因缺水造成土壤有效水分耗减,使农作物体内水分循环和水分平衡遭到破坏,农作物的正常生长发育受到抑制,发生凋零或枯死的一种灾害。一般是长期的现象。由于其发生频率高、持续时间长、影响范围广、后延影响大,成为影响我国农业生产最严重的气象灾害;干旱在春夏秋冬都发生,按出现季节,可分为春干旱、夏干旱、秋干旱、冬干旱,春干旱统计时段为3—5月,夏干旱为6—8月,秋干旱为9—11月,冬干旱为12月至次年2月。春干旱影响小麦、花生、棉花等;夏干旱影响玉米、花生、大豆、棉花等;秋干旱主要影响小麦、玉米、大豆、棉花,冬干旱影响冬小麦等。干旱是危害农牧业生产的第一灾害,促使生态环境进一步恶化,会造成湖泊、河流水位下降,部分干涸和断流导致草场植被退化,加剧土地荒漠化进程等自然灾害,对山东省气候和作物等产生重要影响,因此,研究山东省干旱灾害风险及其对气候变化的响应意义重大。

本书基于1991—2020年山东省气象台站观测数据及2018—2020年《山东省统计年鉴》,选择相关的气象因子和社会经济指标作为评价指标,采用趋势面分析、空间分析等方法得到各评价指标的空间分布图;通过层次分析方法、专家打分法等,获取各评价指标的权重。在此基础上,建立了致灾因子危险性指数(包括气象因子危险性和孕灾环境敏感性)、承灾体暴露性指数、承灾体脆弱性指数以及防灾减灾能力指数模型,对干旱的致灾因子危险性、承灾体暴露性、承灾体脆弱性以及防灾减灾能力进行了评估和区划。进而采用综合指数构建方法,将致灾因子危险性指数、承灾体暴露性指数、承灾体脆弱性指数以及防灾减灾能力指数进行综合,构建了干旱风险指数模型,并对干旱风险进行了评估和区划。具体为:选取1991—2020年春、夏、秋、冬四季轻旱、中旱、重旱、特旱频次为气象因子危险性评价指标;选择海拔高度、坡度、河网密度、土地利用类型和土壤质地为孕灾环境敏感性指标;选取农作物播种面积、总人口数、行政区面积、总国内生产总值(GDP)为承灾体暴露性指标;选取小麦种植面积、玉米种植面积、花生种植面积、大豆种植面积、棉花种植面积、人口密度和农村人均用电量作为承灾体脆弱性评价指标;选取人均GDP、农民人均收入、受教育程度和水利设施面积作为防灾减灾能力评价指标(需要说明的是,由于《山东省统计年鉴》中指标数据有限,因此,采用可获取的指标进行代替,本书中采用在校生人数代替受教育程度)。

气象因子危险性主要考虑了不同程度干旱的发生频次,其中,干旱程度根据降水量距平百分率划分。降水量距平百分率表示某时段的降水量与当地常年同期气候平均降水量的偏离程度,用降水量与常年同期气候平均降水量之差占常年同期气候平均降水量的百分率表示。

某时段降水量距平百分率按公式(2.1)计算:

$$P_a = \frac{P - \overline{P}}{\overline{P}} \times 100\% \tag{2.1}$$

式中,P_a 为降水量距平百分率(%);P 为某时段降水量(mm);$\overline{P}$ 为对应时段常年平均降水量(mm),一般计算 30 年的平均值,本书选取 1991—2020 年平均值。

降水量距平百分率指标能直观反映降水异常引起的农业干旱程度,降水量距平百分率气象干旱等级见表 2.1。

表 2.1   降水量距平百分率干旱等级划分(根据《气象干旱等级》)   单位:%

等级	类型	降水量距平百分率(P_a)		
		月尺度	季尺度	年尺度
1	无旱	$P_a > -40$	$P_a > -25$	$P_a > -15$
2	轻旱	$-60 < P_a \leqslant -40$	$-50 < P_a \leqslant -25$	$-30 < P_a \leqslant -15$
3	中旱	$-80 < P_a \leqslant -60$	$-70 < P_a \leqslant -50$	$-40 < P_a \leqslant -30$
4	重旱	$-95 < P_a \leqslant -80$	$-80 < P_a \leqslant -70$	$-45 < P_a \leqslant -40$
5	特旱	$P_a \leqslant -95$	$P_a \leqslant -80$	$P_a \leqslant -45$

二、因子权重

本书构建危险性指数、暴露性指数、脆弱性指数和防灾减灾能力指数,以及灾害综合区划指数时,采用层次分析法(AHP)赋予不同因子权重,计算过程如下。

以孕灾环境敏感性为例,采用层次分析法赋予不同因子权重,计算过程如下:

第一步:构建判断矩阵。

根据干旱孕灾环境敏感性对干旱的影响,河网密度是干旱能否产生的关键指标,其严重影响干旱的发生发展。因此,河网密度最重要,其后依次为坡度、海拔高度、土地利用类型和土壤质地,根据各因子对干旱影响的重要程度,将河网密度赋值为 1,坡度和海拔高度均赋值为 2,土地利用类型和土壤质地均赋值为 3。构成判别矩阵:

$$\begin{bmatrix} & \text{I} & \text{II} & \text{III} & \text{IV} & \text{V} \\ \text{I} & 1 & 2 & 2 & 3 & 3 \\ \text{II} & 1/2 & 1 & 1 & 2 & 2 \\ \text{III} & 1/2 & 1 & 1 & 2 & 2 \\ \text{IV} & 1/3 & 1/2 & 1/2 & 1 & 1 \\ \text{V} & 1/3 & 1/2 & 1/2 & 1 & 1 \end{bmatrix}$$

注:矩阵中,Ⅰ. 河网密度,Ⅱ. 坡度,Ⅲ. 海拔高度,Ⅳ. 土地利用类型,Ⅴ. 土壤质地。

第二步:将判断矩阵归一化。

根据和积法,将判断矩阵归一化。过程为将每一列中的每一个数除以这一列的总和,得到标准化矩阵:

$$\begin{array}{c|ccccc} & I & II & III & IV & V \\ \hline I & 0.375 & 0.4 & 0.4 & 0.333 & 0.333 \\ II & 0.188 & 0.2 & 0.2 & 0.222 & 0.222 \\ III & 0.188 & 0.2 & 0.2 & 0.222 & 0.222 \\ IV & 0.125 & 0.1 & 0.1 & 0.111 & 0.111 \\ V & 0.103 & 0.1 & 0.1 & 0.111 & 0.111 \end{array}$$

第三步:计算各因子权重。

将新矩阵求和列数据加和,数值为5,将求和列中每个数除以5,即得到各因子的权重。如坡度,其权重为0.206,其他各因子权重如矩阵:

$$\begin{array}{c|ccccc|cc} & I & II & III & IV & V & 求和 & 权重 \\ \hline I & 0.375 & 0.4 & 0.4 & 0.333 & 0.333 & 1.84 & 0.368 \\ II & 0.188 & 0.2 & 0.2 & 0.222 & 0.222 & 1.03 & 0.206 \\ III & 0.188 & 0.2 & 0.2 & 0.222 & 0.222 & 1.03 & 0.206 \\ IV & 0.125 & 0.1 & 0.1 & 0.111 & 0.111 & 0.547 & 0.109 \\ V & 0.125 & 0.1 & 0.1 & 0.111 & 0.111 & 0.547 & 0.109 \end{array}$$

第四步:判断矩阵一致性检验。

将判断矩阵每一行与对应因子的权重相乘后求和,求出干旱孕灾环境敏感性因子的 AW 值。基于公式(1.10),计算最大特征根 $\lambda_{max}=5.033$,查找平均随机一致性指标表1.2对应的 RI=1.12,基于公式(1.11)计算一致性指标 CI=0.008,CR=CI/RI,CR=0.007<0.10,通过检验。因此,确定河网密度、坡度、海拔高度、土地利用类型和土壤质地5个因子的权重分别为0.368、0.206、0.206、0.109、0.109。

$$\begin{array}{c|ccccc|cc} & I & II & III & IV & V & 权重 & AW \\ \hline I & 0.375 & 0.4 & 0.4 & 0.333 & 0.333 & 0.368 & 1.85 \\ II & 0.188 & 0.2 & 0.2 & 0.222 & 0.222 & 0.206 & 1.03 \\ III & 0.188 & 0.2 & 0.2 & 0.222 & 0.222 & 0.206 & 1.03 \\ IV & 0.125 & 0.1 & 0.1 & 0.111 & 0.111 & 0.109 & 0.54 \\ V & 0.125 & 0.1 & 0.1 & 0.111 & 0.111 & 0.109 & 0.54 \end{array}$$

同理,干旱气象因子危险性判断矩阵如下,计算权重过程同上。

$$\begin{array}{c|cccc} & I & II & III & IV \\ \hline I & 1 & 2 & 3 & 4 \\ II & 1/2 & 1 & 2 & 3 \\ III & 1/3 & 1/2 & 1 & 2 \\ IV & 1/4 & 1/3 & 1/2 & 1 \end{array}$$

注:矩阵中,I.特旱频次,II.重旱频次,III.中旱频次,IV.轻旱频次。

同理,干旱防灾减灾能力判断矩阵如下,计算权重过程同上。

$$\begin{array}{c c c c c} & \mathrm{I} & \mathrm{II} & \mathrm{III} & \mathrm{IV} \\ \mathrm{I} \begin{bmatrix} 1 & 2 & 2 & 3 \\ \mathrm{II} & 1/2 & 1 & 2 & 2 \\ \mathrm{III} & 1/2 & 1/2 & 1 & 1 \\ \mathrm{IV} & 1/3 & 1/2 & 1 & 1 \end{bmatrix} \end{array}$$

注:矩阵中,Ⅰ.人均 GDP,Ⅱ.农民人均收入,Ⅲ.在校生人数,Ⅳ.水利设施面积。

同理,干旱灾害综合风险区划因子判断矩阵如下,计算权重过程同上。

$$\begin{array}{c c c c c} & \mathrm{I} & \mathrm{II} & \mathrm{III} & \mathrm{IV} \\ \mathrm{I} \begin{bmatrix} 1 & 3 & 3 & 3 \\ \mathrm{II} & 1/3 & 1 & 1 & 1 \\ \mathrm{III} & 1/3 & 1 & 1 & 1 \\ \mathrm{IV} & 1/3 & 1 & 1 & 1 \end{bmatrix} \end{array}$$

注:矩阵中,Ⅰ.致灾因子危险性,Ⅱ.承灾体暴露性,Ⅲ.承灾体脆弱性,Ⅳ.防灾减灾能力。

最后,四季干旱灾害风险区划因子的权重如下。

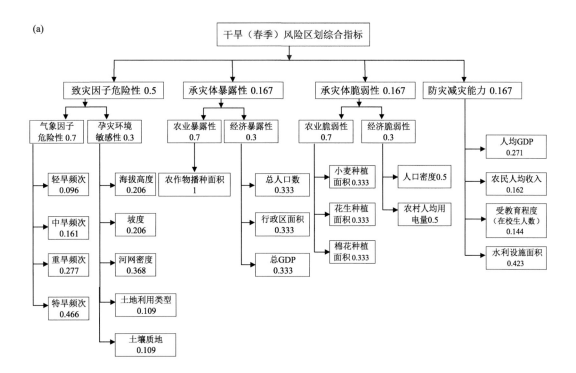

(b)

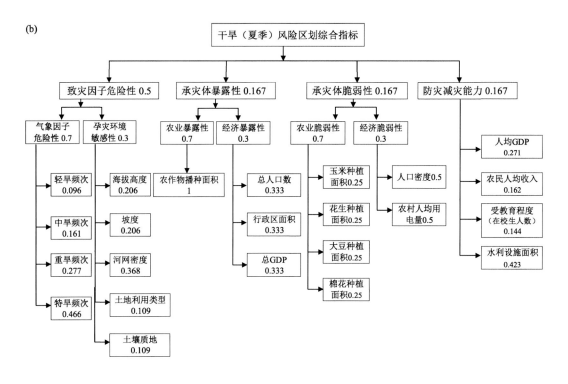

(c)

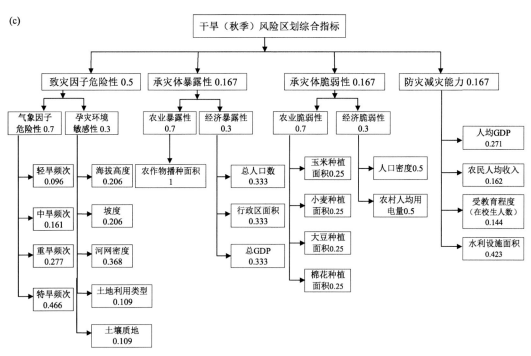

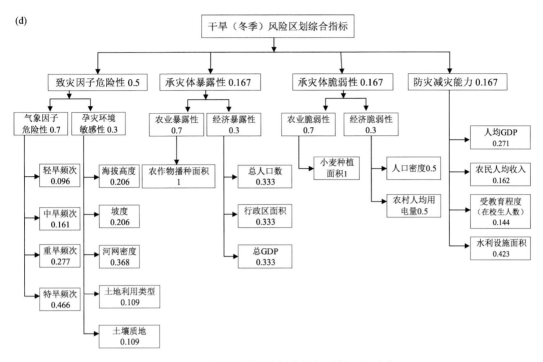

图 2.1　山东省干旱风险评价指标系统及权重值

第二节　致灾因子危险性区划

一、气象因子危险性区划

（一）气象因子危险性空间分布

不同季节的干旱频次反映了季节内干旱发生的可能性,基于公式(2.1)和表2.1统计得到1991—2020年春、夏、秋、冬四个季节不同程度干旱的发生频次,作为干旱灾害危险性的气象因子。

1. 春季(3—5月)不同强度干旱频次

(1)春季轻旱频次

山东省春季轻旱频次空间分布如图 2.2 所示。山东省春季轻旱频次鲁西北和鲁南部分地区为高值区,其余大部分地区为相对低值区。具体表现为:高值区主要分布在日照市、临沂市和潍坊市南部等地,春季轻旱频次最高值为 0.4 次/a;低值区主要分布在威海市、菏泽市以及烟台市等地,频次最低值为 0.1 次/a。

(2)春季中旱频次

山东省春季中旱频次空间分布如图 2.3 所示。山东省春季中旱频次总体呈北高南低的空间分布特征。具体表现为:高值区主要分布在德州市、滨州市、东营市、济南市、烟台市以及威海市等地,最高值为 0.2 次/a;其他大部分地区为低值区,最低值为 0 次/a。

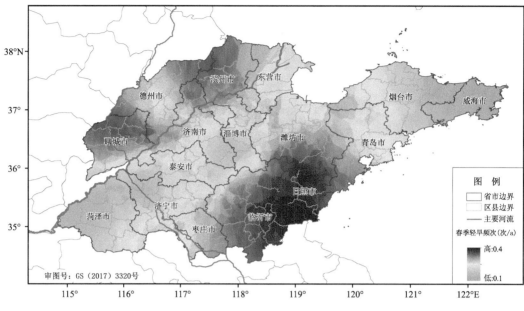

图 2.2 山东省春季轻旱频次空间分布

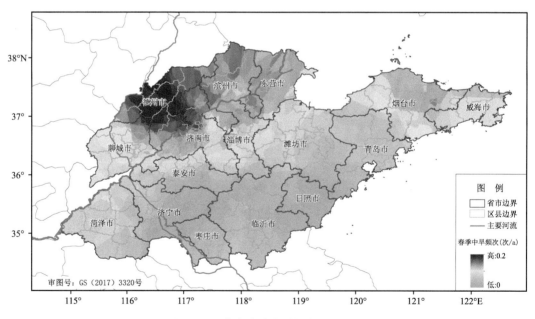

图 2.3 山东省春季中旱频次空间分布

（3）春季重旱频次

山东省春季重旱频次空间分布如图 2.4 所示。山东省春季重旱频次存在明显的空间差异。具体表现为：高值区主要分布在滨州市、东营市、济宁市南部、威海市等地，最高值为 0.1 次/a；低值区主要分布在聊城市、泰安市、青岛市、烟台市等地，最低值为 0 次/a。

图 2.4　山东省春季重旱频次空间分布

（4）春季特旱频次

山东省春季特旱频次空间分布如图 2.5 所示。山东省春季特旱频次自西南向东北逐渐降低。具体表现为：高值区主要分布在菏泽市、济宁市、泰安市以及济南市、聊城市、淄博市、临沂市等地部分地区，最高值为 0.1 次/a；其他地区为低值区，最低值为 0 次/a。

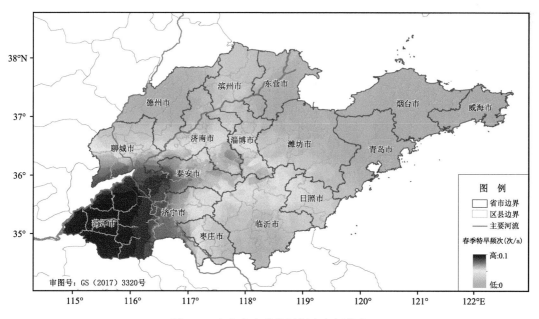

图 2.5　山东省春季特旱频次空间分布

2. 夏季(6—8月)不同强度干旱频次

(1)夏季轻旱频次

山东省夏季轻旱频次空间分布如图2.6所示。山东省夏季轻旱频次表现为明显的空间差异性,具体表现为:高值区主要分布在青岛市、烟台市、聊城市等大部分地区,最高值为0.4次/a;低值区主要分布在东营市、临沂市、日照市等地,最低值为0次/a。

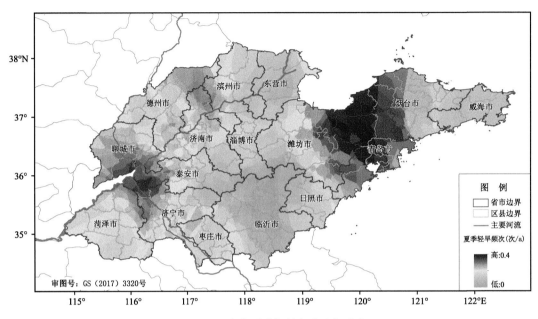

图2.6 山东省夏季轻旱频次空间分布

(2)夏季中旱频次

山东省夏季中旱频次空间分布如图2.7所示。山东省夏季中旱频次空间分布差异性明显,具体表现为:高值区主要分布在威海市、德州市、聊城市、菏泽市、东营市、潍坊市等地,最高值为0.2次/a;低值区主要分布在淄博市、济南市、临沂市、泰安市和青岛市等地,最低值为0次/a。

(3)夏季重旱频次

山东省夏季重旱频次空间分布如图2.8所示。山东省夏季重旱频次空间差异性显著,空间分布规律性不强。具体表现为:高值区主要分布在济宁市北部、泰安市西部和威海市等部分地区,最高值为0.03次/a;其他大部分地区为低值区,最低值为0次/a。

(4)夏季特旱频次

山东省夏季特旱频次空间分布如图2.9所示。山东省夏季特旱频次空间分布整体表现为西南高,其余地方低的特点。具体表现为:高值区主要分布在菏泽市西北部地区,最高值为0.03次/a;其他地区为低值区,最低值为0次/a。

3. 秋季(9—11月)不同强度干旱频次

(1)秋季轻旱频次

山东省秋季轻旱频次空间分布如图2.10所示。山东省秋季轻旱频次整体上呈现出东西高,中部低的特点。具体表现为:高值区主要分布在菏泽市、济宁市、泰安市、聊城市、德州市、

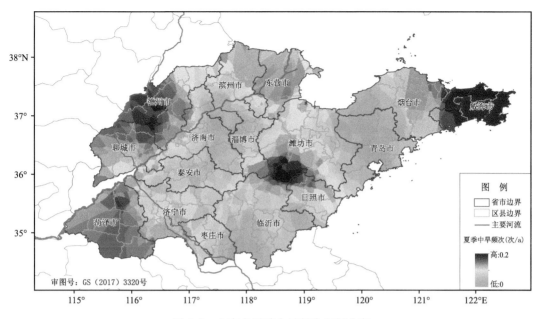

图 2.7　山东省夏季中旱频次空间分布

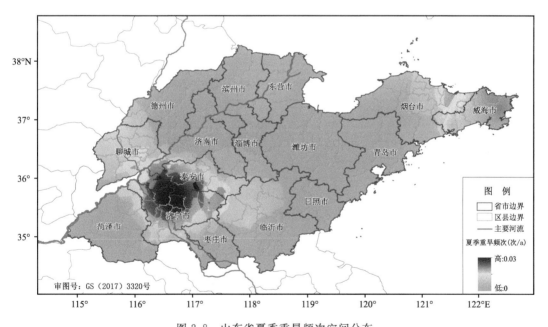

图 2.8　山东省夏季重旱频次空间分布

滨州市、东营市、青岛市、威海市等地,最高值为 0.4 次/a;低值区主要分布在枣庄市、日照市以及临沂市等地,最低值为 0.1 次/a。

　　(2)秋季中旱频次

　　山东省秋季中旱频次空间分布如图 2.11 所示。山东省秋季中旱频次主要表现为中部高、南北部低的特点。具体表现为:高值区主要分布在聊城市、泰安市、淄博市、潍坊市、枣庄市、济宁市等地,最高值为 0.2 次/a;低值区主要分布在威海市、日照市、临沂市、滨州市、东营市、济

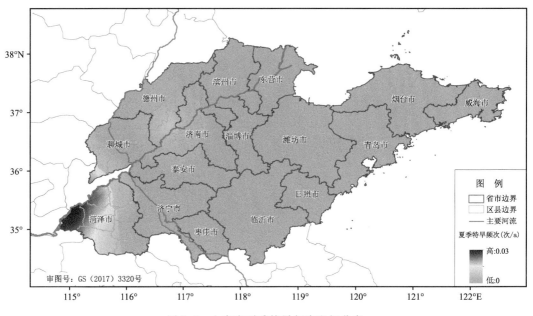

图 2.9 山东省夏季特旱频次空间分布

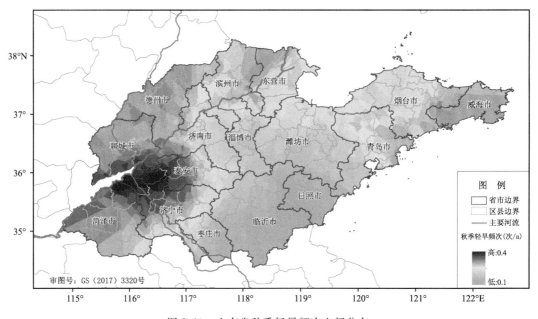

图 2.10 山东省秋季轻旱频次空间分布

南市、德州市等地,最低值为 0.1 次/a。

(3)秋季重旱频次

山东省秋季重旱频次空间分布如图 2.12 所示。山东省秋季重旱频次空间差异性较大。具体表现为:高值区主要分布在潍坊市南部、临沂市、日照市、泰安市、济南市等地,最高值为 0.1 次/a;其他地区为低值区。

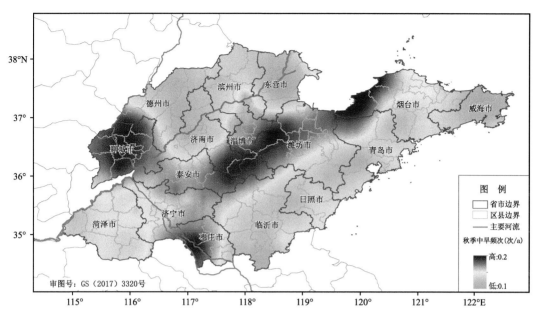

图 2.11　山东省秋季中旱频次空间分布

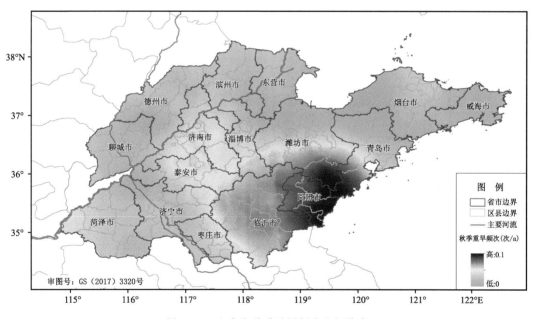

图 2.12　山东省秋季重旱频次空间分布

（4）秋季特旱频次

山东省秋季特旱频次空间分布如图 2.13 所示。山东省秋季特旱频次表现为南高北低的特点。具体表现为：高值区主要分布在菏泽市、济宁市、临沂市等地，最高值为 0.1 次/a；其他大部分地区为低值区，最低值为 0 次/a。

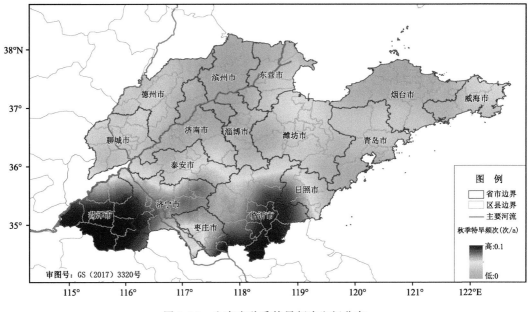

图 2.13 山东省秋季特旱频次空间分布

4. 冬季(12 月至次年 2 月)不同强度干旱频次

(1)冬季轻旱频次

山东省冬季轻旱频次空间分布如图 2.14 所示。山东省冬季轻旱频次整体上表现出南部高、北部低的特点。具体表现为:高值区主要分布在菏泽市、济宁市、泰安市、枣庄市、淄博市等地,最高值为 0.3 次/a;低值区主要分布在德州市、滨州市、东营市、威海市、烟台市、青岛市、日照市、潍坊市等地,最低值为 0.1 次/a。

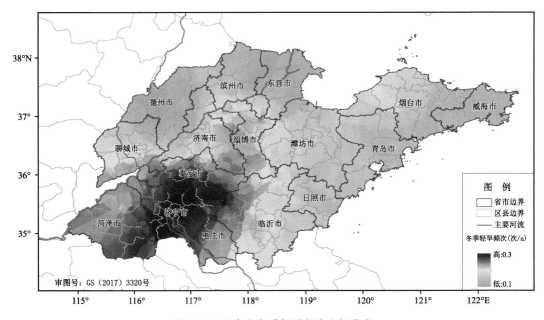

图 2.14 山东省冬季轻旱频次空间分布

(2)冬季中旱频次

山东省冬季中旱频次空间分布如图2.15所示。山东省冬季中旱频次呈现出东部高、西部低的特点。具体表现为:高值区主要分布在青岛市、烟台市、威海市、潍坊市、东营市、日照市、淄博市、济南市、枣庄市等地,最高值为0.2次/a;低值区主要分布在菏泽市、济宁市、泰安市及临沂市等地,最低值为0.1次/a。

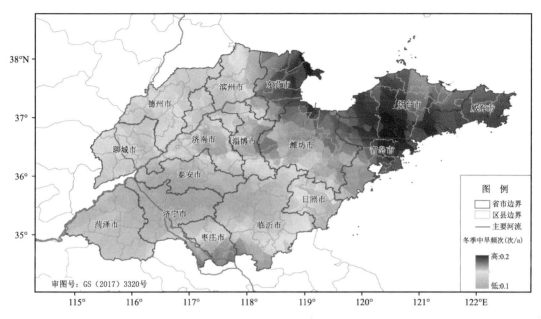

图2.15 山东省冬季中旱频次空间分布

(3)冬季重旱频次

山东省冬季重旱频次空间分布如图2.16所示。山东省冬季重旱频次表现为中部高、东西部低的特点。具体表现为:高值区主要分布在滨州市、东营市、淄博市、德州市、济南市、临沂市等地,最高值为0.1次/a;低值区主要分布在菏泽市、济宁市、泰安市、枣庄市、青岛市、烟台市等地,最低值为0次/a。

(4)冬季特旱频次

山东省冬季特旱频次空间分布如图2.17所示。山东省冬季特旱频次大部分地区频次较低。具体表现为:高值区主要分布在德州市、滨州市、东营市、济南市等地,最高值为0.2次/a;其他大部分地区为低值区,最低值为0次/a。

(二)气象因子危险性区划结果

将不同季节轻旱、中旱、重旱、特旱频次进行叠加,构成不同季节干旱气象因子危险性指数,其表达式为:

$$Q = \sum_{i=1}^{4} \lambda_i X_i \quad (i = 1, 2, 3, 4) \tag{2.2}$$

式中,Q表示不同季节干旱气象因子危险性指数,X_1、X_2、X_3、X_4分别为不同季节轻旱、中旱、重旱、特旱频次;λ_1、λ_2、λ_3、λ_4为因子权重,$\lambda_1 = 0.096$,$\lambda_2 = 0.161$,$\lambda_3 = 0.277$,$\lambda_4 = 0.466$。

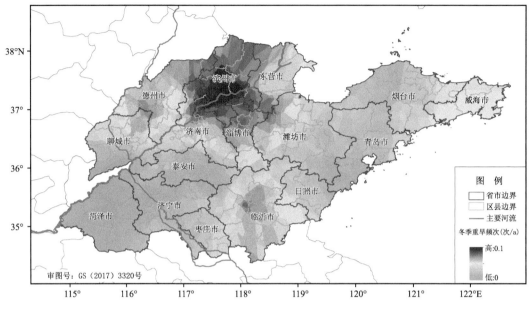

图 2.16　山东省冬季重旱频次空间分布

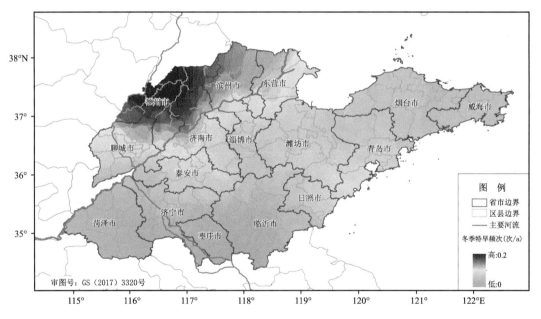

图 2.17　山东省冬季特旱频次空间分布

1. 春季干旱气象因子危险性

　　山东省春季干旱气象因子危险性区划结果见图 2.18。山东省春季干旱气象因子危险性西部地区高于东部地区。具体表现为:高值区主要分布在菏泽市、济宁市、淄博市、滨州市等地;低值区主要分布在青岛市、烟台市、威海市等地。

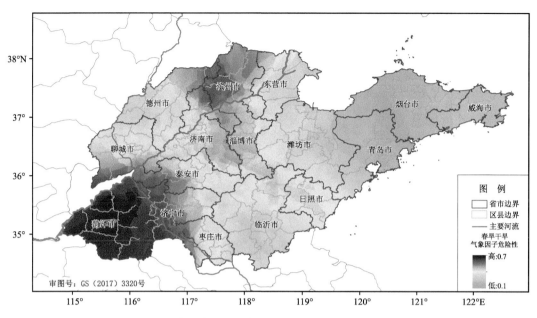

图 2.18　山东省春季干旱气象因子危险性区划结果空间分布

2. 夏季干旱气象因子危险性

　　山东省夏季干旱气象因子危险性区划结果见图 2.19。山东省夏季干旱气象因子危险性总体上表现出中部低，东部、西部高的特点。具体表现为：高值区主要分布在菏泽市、济宁市、泰安市、聊城市、威海市等地；低值区主要分布在滨州市、东营市、淄博市、潍坊市、枣庄市、临沂市、日照市和青岛市等地。

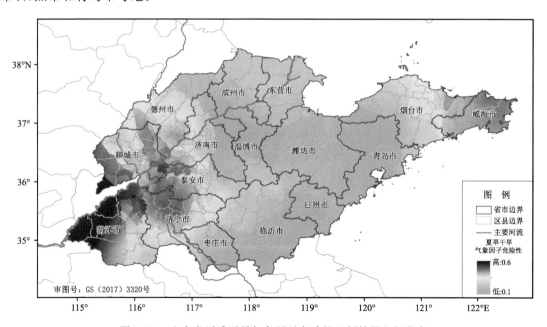

图 2.19　山东省夏季干旱气象因子危险性区划结果空间分布

3. 秋季干旱气象因子危险性

山东省秋季干旱气象因子危险性区划结果见图 2.20。山东省秋季干旱气象因子危险性呈现南高北低的空间分布特征。具体表现为:高值区主要分布在菏泽市、济宁市、临沂市、枣庄市、日照市、泰安市等地;低值区主要分布在济南市、东营市、滨州市、青岛市、威海市及烟台市等地。

图 2.20　山东省秋季干旱气象因子危险性区划结果空间分布

4. 冬季干旱气象因子危险性

山东省冬季干旱气象因子危险性区划结果见图 2.21。山东省冬季干旱气象因子危险性整体上表现出由北向南逐渐减小的趋势。具体表现为:高值区主要分布在德州市、滨州市、东

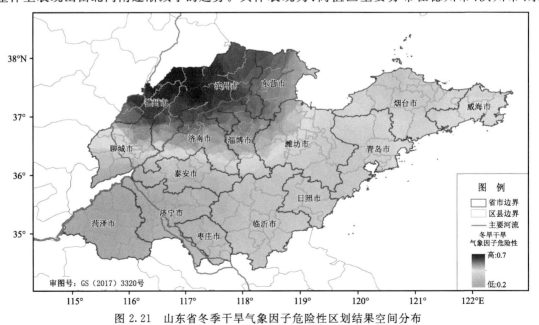

图 2.21　山东省冬季干旱气象因子危险性区划结果空间分布

营市、济南市和淄博市等地;低值区主要分布在菏泽市、济宁市、泰安市、枣庄市等地。

二、孕灾环境敏感性区划

(一)孕灾环境敏感性因子

河网密度、地形、土地利用类型、土壤质地等都对干旱有着重要影响。

河网密度会改变区域小气候。河网密度越大的地区,空气湿度越大,越不易发生干旱,干旱敏感性越弱,在计算环境敏感性指数时将此河网密度进行极小值标准化。

坡度越大,径流速度越快,下渗量越少,坡体储存的水分越少,越容易发生干旱,因此坡度越高越有利于干旱的形成;海拔高度作为重要的地形因子,对干旱有着重要的影响,一般海拔高度越高,干旱发生概率越大,干旱敏感性越大。本书在计算环境敏感性指数时将坡度和海拔高度进行极大值标准化。

不同土地利用类型对干旱的影响不同,随着城市化的进程,原有耕地、草地、林地等被建筑物及硬化地面取代。阻隔了雨水向土壤渗透,使城镇地下水得不到应有的补充,更加重了干旱的形成。因此,按照降雨径流量将不同土地利用类型进行打分,如表 2.2 所示,在计算环境敏感性指数时将此因子进行极大值标准化。

表 2.2　土地利用类型分值

土地利用类型	建设用地	未利用地	耕地	草地	林地	水域
分值(分)	5	6	4	3	2	1

不同土壤质地其土层质地黏重、通透性、垂直下渗率不同。土层质地越黏重、通透性越差、垂直下渗越弱,地面越容易保留水分,不利于干旱灾害的发生。因此,按照土壤通透性将不同土壤质地进行打分,如表 2.3 所示,在计算环境敏感性指数将此因子进行极大值标准化。

表 2.3　土壤质地综合评分

土壤质地	综合评分(分)	土壤质地	综合评分(分)
黏土	1	黏质壤土	2
粉壤土	5	壤土	4
沙质黏壤土	3	沙壤土	6
壤质沙土	6	沙土	7

(二)孕灾环境敏感性区划结果

将标准化后的海拔高度、坡度、河网密度、土地利用类型、土壤质地进行叠加,构成孕灾环境敏感性指数,其表达式为:

$$Y = \sum_{i=1}^{5} \lambda_i X_i \quad (i=1,2,3,4,5) \tag{2.3}$$

式中,Y 表示干旱孕灾环境敏感性指数,X_1、X_2、X_3、X_4、X_5 分别为海拔高度、坡度、河网密度、土地利用类型、土壤质地;λ_1、λ_2、λ_3、λ_4、λ_5 为因子权重,$\lambda_1=0.206$,$\lambda_2=0.206$,$\lambda_3=0.368$,$\lambda_4=0.109$,$\lambda_5=0.109$。

山东省干旱孕灾环境敏感性区划结果见图 2.22。山东省干旱孕灾环境敏感性有明显的空间差异性,北部区域明显低于其他区域,大部分地区敏感性较高,高值区分布较分散;低值区主要分布在滨州市、东营市、德州市等地。

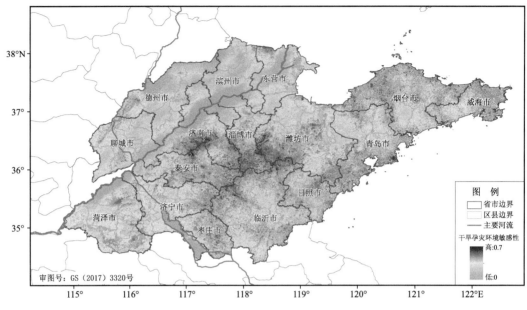

图 2.22　山东省干旱孕灾环境敏感性区划结果空间分布

三、致灾因子危险性区划结果

将影响不同季节干旱致灾因子的气象因子危险性指数和孕灾环境敏感性指数进行累加，得到致灾因子危险性指数，其表达式为：

$$W = \sum_{i=1}^{2} \lambda_i X_i \quad (i = 1,2) \tag{2.4}$$

式中，W 表示不同季节干旱致灾因子危险性指数，X_1、X_2 分别为不同季节干旱的气象因子危险性指数、孕灾环境敏感性指数；λ_1、λ_2 为因子权重，$\lambda_1 = 0.7$，$\lambda_2 = 0.3$。

根据公式(2.4)计算得到致灾因子危险性指数，并采用自然分级法得到山东省不同季节干旱致灾因子危险性区划结果。

（一）春季干旱致灾因子危险性

山东省春季干旱致灾因子危险性区划结果见图 2.23。山东省春季干旱致灾因子低、中、高危险区分别占到全省面积的 30.5％、49.8％、19.7％。其中，菏泽市以及济宁市、泰安市和滨州市部分地区为高危险区；低危险区主要分布在青岛市、烟台市、威海市以及临沂市、东营市、德州市和潍坊市部分地区；其他地区为中危险区。

（二）夏季干旱致灾因子危险性

山东省夏季干旱致灾因子危险性区划结果见图 2.24。山东省夏季干旱致灾因子低、中、高危险区分别占到全省面积的 52.6％、28.0％、19.4％。其中，菏泽市、济宁市、泰安市、威海市、聊城市等地部分地区为高危险区；中危险区分布在德州市、济南市、烟台市等地部分区域；低危险区主要分布在枣庄市、临沂市、日照市、青岛市、潍坊市、淄博市、东营市、滨州市等地。

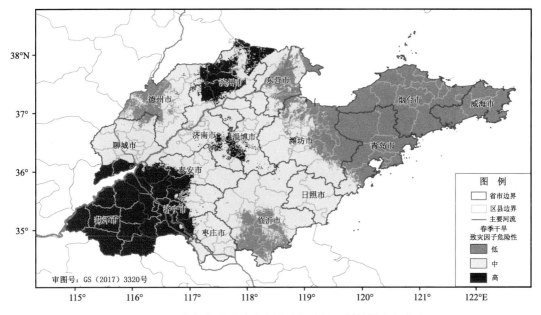

图 2.23　山东省春季干旱致灾因子危险性区划结果空间分布

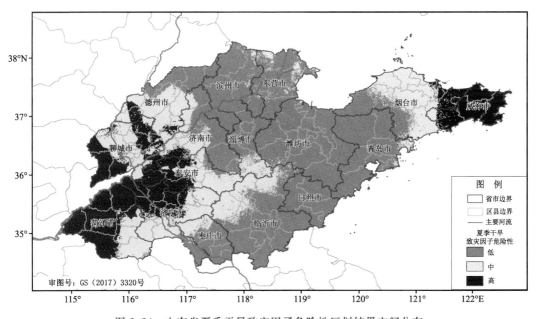

图 2.24　山东省夏季干旱致灾因子危险性区划结果空间分布

(三)秋季干旱致灾因子危险性

山东省秋季干旱致灾因子危险性区划结果见图 2.25。山东省秋季干旱致灾因子低、中、高危险区分别占到全省面积的 32.1%、36.4%、31.5%。其中,菏泽市、济宁市、枣庄市、临沂市及日照市等地为高危险区;中危险区主要分布在聊城市、潍坊市、青岛市大部以及泰安市、济南市、淄博市、德州市等地部分地区;低危险区主要分布在烟台市、威海市、滨州市和东营市等地。

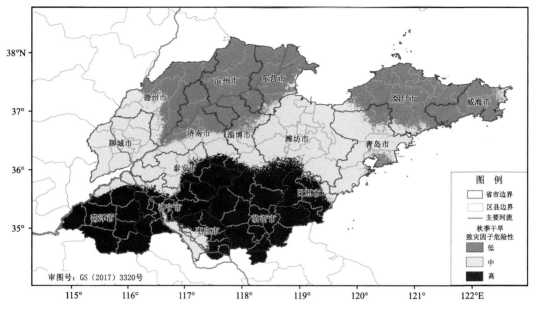

图 2.25　山东省秋季干旱致灾因子危险性区划结果空间分布

（四）冬季干旱致灾因子危险性

山东省冬季干旱致灾因子危险性区划结果见图 2.26。山东省冬季干旱致灾因子危险性自北向南逐渐降低，低、中、高危险区分别占到全省面积的 18.9％、52.6％、28.5％，其中，德州市、滨州市、东营市、济南市、淄博市等地为高危险区；低危险区主要分布在菏泽市、济宁市和枣庄市；其他大部分地区为中危险区。

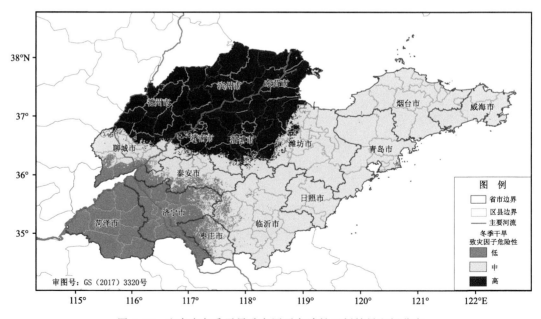

图 2.26　山东省冬季干旱致灾因子危险性区划结果空间分布

第三节　承灾体暴露性区划

一、农业暴露性区划

（一）农业暴露性因子

干旱导致农作物因缺少水分而减缓甚至不能生长，使农作物的品质严重降低，甚至绝产。因此，农作物播种面积越大，干旱农业暴露性越强，本书在计算农业暴露性指数时选取农作物播种面积作为农业暴露性因子，并进行极大值标准化。

（二）农业暴露性区划结果

将农作物播种面积进行标准化，计算农业暴露性区划结果，其表达式为：

$$B_{农业} = \sum_{i=1}^{1} \lambda_i X_i \quad (i=1) \tag{2.5}$$

式中，$B_{农业}$ 表示干旱农业暴露性指数，X_1 为农作物播种面积；λ_1 为因子权重，$\lambda_1 = 1$。

山东省农业暴露性区划结果见图 2.27。山东省农业暴露性高值区位于菏泽市、德州市等地；聊城市、济宁市、临沂市、潍坊市等地次之；低值区分布在东营市、淄博市、日照市、威海市等地。

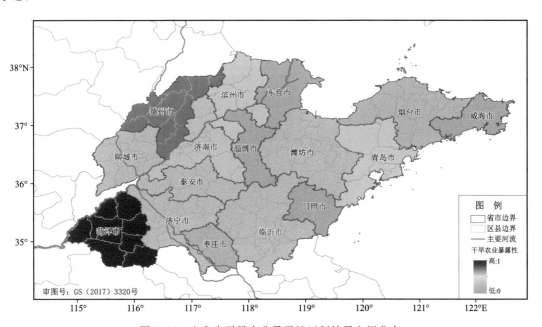

图 2.27　山东省干旱农业暴露性区划结果空间分布

二、经济暴露性区划

（一）经济暴露性因子

社会经济条件是经济暴露性的主要因子，有研究表明，人口密集区是受灾多发地区，总人口数越高,同样情境下,承载体暴露性越大,行政区面积越大,灾害发生时,承受灾害的概率越大,干旱经济暴露性也就越强;总GDP越高,干旱发生时,造成的财产损失越大,经济暴露性也就越大。本书在计算经济暴露性指数时将总人口数、行政区面积、总GDP进行极大值标准化。

(二)经济暴露性区划结果

将标准化后的总人口数、行政区面积、总GDP进行叠加,得到经济暴露性指数,其表达式为:

$$B_{经济} = \sum_{i=1}^{3} \lambda_i X_i \quad (i = 1,2,3) \tag{2.6}$$

式中,$B_{经济}$表示干旱经济暴露性指数,X_1、X_2、X_3分别为总人口数、行政区面积、总GDP;λ_1、λ_2、λ_3为因子权重,$\lambda_1 = 0.333$,$\lambda_2 = 0.333$,$\lambda_3 = 0.333$。

山东省经济暴露性区划结果见图2.28。山东省经济暴露性高值区主要分布在青岛市、烟台市、潍坊市、临沂市、济南市;次高值区分布在菏泽市和济宁市;低值区主要分布在东营市、威海市、枣庄市、日照市等地。

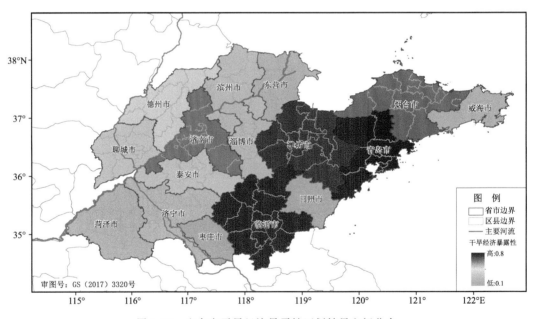

图2.28　山东省干旱经济暴露性区划结果空间分布

三、承灾体暴露性区划结果

将影响干旱承灾体暴露性的农业暴露性指数和经济暴露性指数进行累加,得到承灾体暴露性指数,其表达式为:

$$B = \sum_{i=1}^{2} \lambda_i X_i \quad (i = 1,2) \tag{2.7}$$

式中,B表示干旱承灾体暴露性指数,X_1、X_2分别为农业暴露性指数、经济暴露性指数;λ_1、λ_2为因子权重,$\lambda_1 = 0.7$,$\lambda_2 = 0.3$。

根据公式(2.7)计算得到承灾体暴露性指数,并采用自然分级法得到山东省干旱承灾体暴露性区划结果,见图 2.29。菏泽市、济宁市、德州市、临沂市、潍坊市、青岛市属于高暴露性,约占全省总面积的 49.7%,而聊城市、泰安市、济南市、滨州市及烟台市属于中暴露性,约占总面积的 32.0%,东营市、淄博市、枣庄市、日照市及威海市为低暴露性,约占全省总面积的 18.3%。

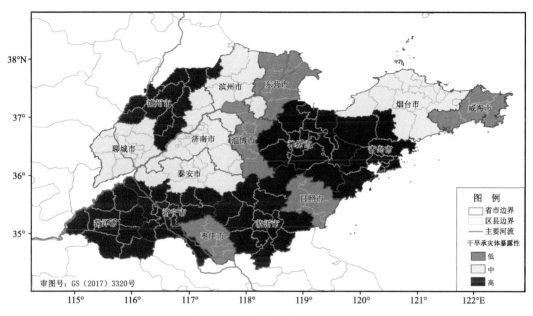

图 2.29　山东省干旱承灾体暴露性区划结果空间分布

第四节　承灾体脆弱性区划

一、农业脆弱性区划

(一)农业脆弱性因子

充足的水分是作物生长的必需条件,干旱影响作物生长发育,从而影响作物产量和品质;严重干旱还会造成大范围的枯苗和死苗现象。有研究表明,在干旱环境下,小麦株高、穗长、千粒重等生长指标与非干旱环境下相比,都明显呈下降趋势,使小麦脂质和蛋白质氧化损伤,造成小麦减产;花生生长发育时期,随着干旱时间的延长,土壤水分不断下降,花生的主茎和叶片增长量均下降,干旱愈严重,下降越大;在棉花发育时期,持续的干旱会造成棉花水分供需失调,叶片出现萎蔫,棉株生长发育受阻,蕾铃脱落加剧现象,对棉花的产量和品质影响非常大。因此,在田作物种植面积越大,干旱脆弱性越强。

山东省主要种植作物有小麦、玉米、大豆、棉花、花生等,小麦生长季多集中在 9 月至次年 6 月;玉米、大豆生长季一般在 6—9 月,棉花生长季一般在 4—11 月,花生生长季一般在 4—9 月,因此,选取不同季节主要在田作物的种植面积作为干旱农业脆弱性因子,其中春季干旱农业脆弱性因子为小麦种植面积、花生种植面积、棉花种植面积;夏季干旱为玉米种植面积、花生种植面积、大豆种植面积和棉花种植面积;秋季干旱为玉米种植面积、小麦种植面积、大豆种植面积和棉花种植面积;冬季为小麦种植面积。在计算干旱农业脆弱性指数时,对各因子进行极大值标准化。

（二）农业脆弱性区划结果

1. 春季干旱农业脆弱性

将标准化后的小麦种植面积、花生种植面积、棉花种植面积进行叠加,构成春季干旱农业脆弱性指数,其表达式为:

$$C_{春农业} = \sum_{i=1}^{3} \lambda_i X_i \quad (i=1,2,3) \tag{2.8}$$

式中,$C_{春农业}$表示春季干旱农业脆弱性指数,X_1、X_2、X_3分别为小麦种植面积、花生种植面积、棉花种植面积;λ_1、λ_2、λ_3为因子权重,$\lambda_1=0.333$,$\lambda_2=0.333$,$\lambda_3=0.333$。

山东省春季干旱农业脆弱性区划结果见图 2.30。山东省春季干旱农业脆弱性高值区分布在菏泽市等地;较高值区分布在济宁市、临沂市及德州市;低值区分布在威海市、淄博市、日照市和枣庄市;其他地区为较低值区。

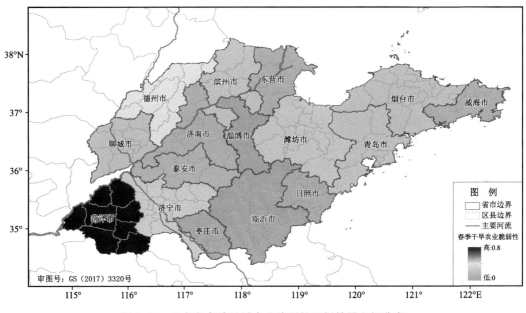

图 2.30　山东省春季干旱农业脆弱性区划结果空间分布

2. 夏季干旱农业脆弱性

将标准化后的玉米种植面积、花生种植面积、大豆种植面积、棉花种植面积进行叠加,构成夏季干旱农业脆弱性指数,其表达式为:

$$C_{夏农业} = \sum_{i=1}^{4} \lambda_i X_i \quad (i=1,2,3,4) \tag{2.9}$$

式中,$C_{夏农业}$表示夏季干旱农业脆弱性指数,X_1、X_2、X_3、X_4分别为玉米种植面积、花生种植面积、大豆种植面积、棉花种植面积;λ_1、λ_2、λ_3、λ_4为因子权重,$\lambda_1=0.25$,$\lambda_2=0.25$,$\lambda_3=0.25$,$\lambda_4=0.25$。

山东省夏季干旱农业脆弱性区划结果见图 2.31。山东省夏季干旱农业脆弱性高值区分布在菏泽市、济宁市；较高值区分布在临沂市、德州市；低值区分布在威海市、淄博市、日照市和枣庄市；其他地区为较低值区。

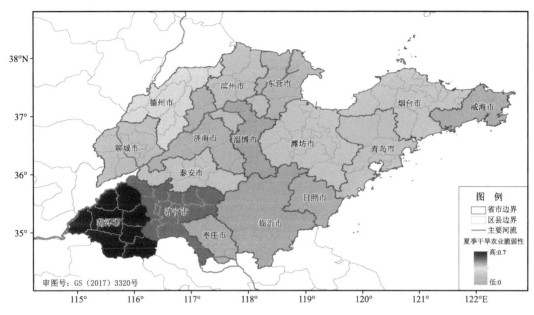

图 2.31　山东省夏季干旱农业脆弱性区划结果空间分布

3. 秋季干旱农业脆弱性

将标准化后的玉米种植面积、小麦种植面积、大豆种植面积、棉花种植面积进行叠加，构成秋季干旱农业脆弱性指数，其表达式为：

$$C_{秋农业} = \sum_{i=1}^{4} \lambda_i X_i \quad (i=1,2,3,4) \tag{2.10}$$

式中，$C_{秋农业}$ 表示秋季干旱农业脆弱性指数，X_1、X_2、X_3、X_4 分别为玉米种植面积、小麦种植面积、大豆种植面积、棉花种植面积；λ_1、λ_2、λ_3、λ_4 为因子权重，$\lambda_1 = 0.25$，$\lambda_2 = 0.25$，$\lambda_3 = 0.25$，$\lambda_4 = 0.25$。

山东省秋季干旱农业脆弱性区划结果见图 2.32。山东省秋季干旱农业脆弱性高值区分布在菏泽市、济宁市、德州市等地；较高值分布在临沂市、聊城市、滨州市、潍坊市等地；其他大部分地区属于低值区或较低值区。

4. 冬季干旱农业脆弱性

将小麦种植面积进行标准化，计算农业脆弱性区划结果，其表达式为：

$$C_{冬农业} = \sum_{i=1}^{1} \lambda_i X_i \qquad (i=1) \tag{2.11}$$

式中，$C_{冬农业}$ 表示冬季干旱农业脆弱性指数，X_1 为小麦种植面积；λ_1 为因子权重，$\lambda_1 = 1$。

山东省冬季干旱农业脆弱性区划结果见图 2.33。山东省冬季干旱农业脆弱性高值区分布在菏泽市、德州市，较高值区分布在聊城市、济宁市、潍坊市、临沂市、滨州市等地；低值区分布在威海市、日照市、烟台市、东营市、淄博市等地；其他地区为较低值区。

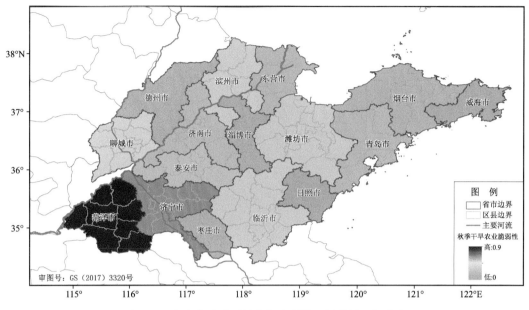

图 2.32 山东省秋季干旱农业脆弱性区划结果空间分布

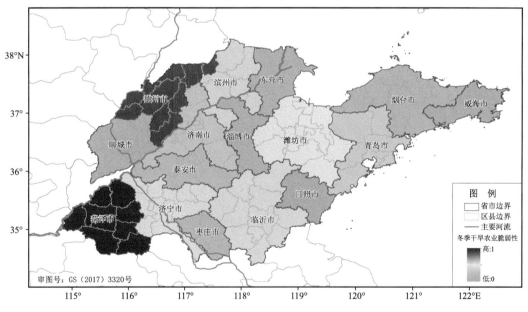

图 2.33 山东省冬季干旱农业脆弱性区划结果空间分布

二、经济脆弱性区划

(一)经济脆弱性因子

人口密度越大,单位面积受灾人数越多,灾区需要各地调配的资源越多;农村人均用电量越大,单位面积受灾城镇越多,对城镇居民的生产活动等方面的影响越严重,干旱经济脆弱性越强。因此,本书在计算经济脆弱性指数时将人口密度、农村人均用电量进行极大值标准化。

(二)经济脆弱性区划结果

将标准化后的人口密度、农村人均用电量进行叠加,构成经济脆弱性指数,其表达式为:

$$C_{经济} = \sum_{i=1}^{2} \lambda_i X_i \quad (i = 1, 2) \tag{2.12}$$

式中,$C_{经济}$表示干旱经济脆弱性指数,X_1、X_2分别为人口密度、农村人均用电量;λ_1、λ_2为因子权重,$\lambda_1 = 0.5$,$\lambda_2 = 0.5$。山东省干旱经济脆弱性区划结果见图2.34。山东省干旱经济脆弱性高值区分布在枣庄市;较高值区主要分布在济南市、淄博市、潍坊市、菏泽市等地;其他大部分地区属于低经济脆弱性区。

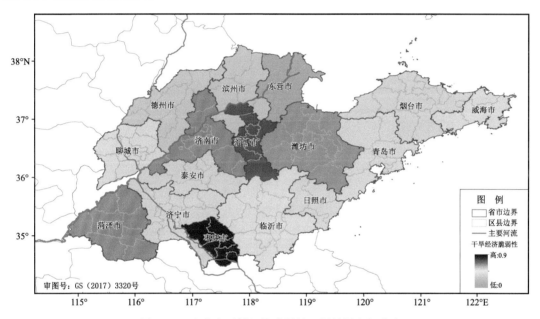

图2.34　山东省干旱经济脆弱性区划结果空间分布

三、承灾体脆弱性区划结果

将影响不同季节干旱承灾体的农业脆弱性和经济脆弱性指数进行累加,得到承灾体脆弱性指数,其表达式为:

$$C = \sum_{i=1}^{2} \lambda_i X_i \quad (i = 1, 2) \tag{2.13}$$

式中,C表示不同季节干旱承灾体脆弱性指数,X_1、X_2分别为不同季节干旱的农业脆弱性指数、经济脆弱性指数,λ_1、λ_2为因子权重,$\lambda_1 = 0.7$,$\lambda_2 = 0.3$。

根据公式(2.13)计算得到不同季节干旱承灾体脆弱性指数,并采用自然分级法得到山东省不同季节干旱承灾体脆弱性区划结果。

(一)春季干旱承灾体脆弱性

山东省春季干旱承灾体脆弱性区划结果见图2.35。山东省春季干旱承灾体低、中、高脆弱区分别占到全省面积的47.5%、44.8%、7.7%。其中,菏泽市为高脆弱性地区;中脆弱性地区分布在德州市、济宁市、枣庄市、临沂市及潍坊市、青岛市;其他地区为低脆弱性区。

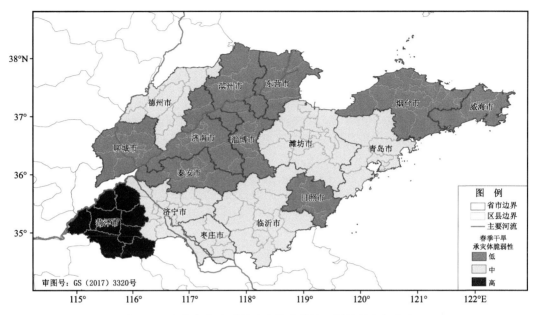

图 2.35 山东省春季干旱承灾体脆弱性区划结果空间分布

（二）夏季干旱承灾体脆弱性

山东省夏季干旱承灾体脆弱性区划结果见图 2.36。山东省夏季干旱承灾体低、中、高脆弱区分别占到全省面积的 11.6%、52.6%、35.8%。其中,菏泽市、济宁市、临沂市及潍坊市为高脆弱性地区;中脆弱性地区主要分布在聊城市、德州市、济南市等地;低脆弱性地区主要分布在东营市、日照市及威海市。

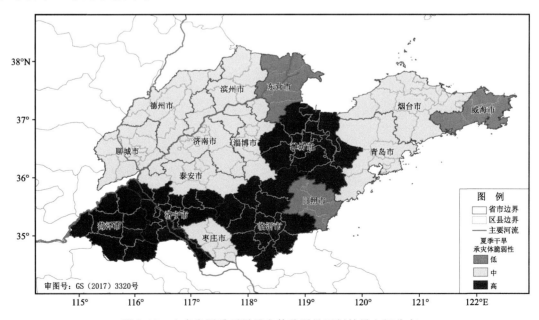

图 2.36 山东省夏季干旱承灾体脆弱性区划结果空间分布

(三)秋季干旱承灾体脆弱性

山东省秋季干旱承灾体脆弱性区划结果见图2.37。山东省秋季干旱承灾体低、中、高脆弱区分别占到全省面积的36.4%、48.8%、14.8%。其中,菏泽市、济宁市为高脆弱性地区;中脆弱性地区主要分布在聊城市、德州市、济南市、滨州市、潍坊市、枣庄市和临沂市;低脆弱性地区主要分布在青岛市、烟台市、威海市、淄博市、东营市、泰安市和日照市。

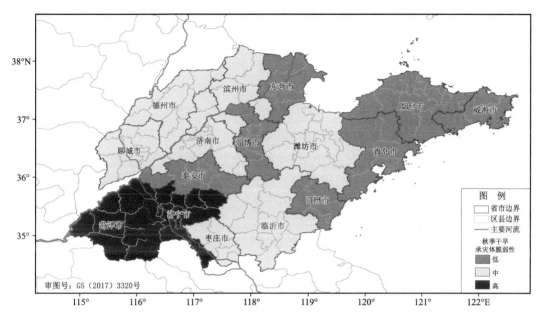

图2.37　山东省秋季干旱承灾体脆弱性区划结果空间分布

(四)冬季干旱承灾体脆弱性

山东省冬季干旱承灾体脆弱性区划结果见图2.38。山东省冬季干旱承灾体低、中、高脆弱区分别占到全省面积的29.3%、56.3%、14.4%。其中,菏泽市、德州市为高脆弱性地区;低脆弱性地区主要分布在烟台市、威海市、日照市、东营市、淄博市和泰安市,其他地区为中脆弱性地区。

第五节　防灾减灾能力区划

一、防灾减灾能力因子

水利设施面积越大的地区,预防干旱发生的能力和灾后恢复能力越强,干旱防灾减灾能力也越强。人均GDP越高,可投入防灾减灾救灾建设方面的经费越高,民众储备必要的科学常识和自救知识比例越高,对组织民众进行灾害演练、模拟灾害现场、积累实战经验等措施配合程度也越高,干旱防灾减灾能力越强。农民人均收入越高,可投入防灾减灾救灾建设方面的经费越高,加强应急队伍建设,确保灾害发生时及时传递预警消息,灾情信息也能及时收集回来,建立气象灾害多部门预警联动机制,干旱防灾减灾能力也就越强。在校生人数越多,经济越发达,一旦有灾害即将发生或者已经发生时,对政府采取的预案要求等响应越快,干旱防灾减灾

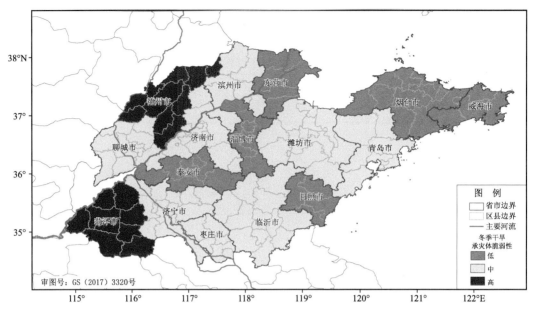

图 2.38　山东省冬季干旱承灾体脆弱性区划结果空间分布

能力越强。因此,本书在计算防灾减灾指数时将水利设施面积、人均 GDP、农民人均收入、在校生人数进行极大值标准化。

二、防灾减灾能力区划结果

将标准化后的水利设施面积、人均 GDP、农民人均收入、在校生人数进行叠加,得到防灾减灾能力指数,其表达式为:

$$F = \sum_{i=1}^{4} \lambda_i X_i \quad (i = 1, 2, 3, 4) \tag{2.14}$$

式中,F 表示干旱防灾减灾指数,X_1、X_2、X_3、X_4 为水利设施面积、人均 GDP、农民人均收入、在校生人数;λ_1、λ_2、λ_3、λ_4 为因子权重,$\lambda_1 = 0.423, \lambda_2 = 0.271, \lambda_3 = 0.162, \lambda_4 = 0.144$。

根据公式(2.14)计算得到防灾减灾能力指数,并采用自然分级法得到山东省干旱防灾减灾能力区划结果,见图 2.39。其中,高防灾减灾能力地区主要分布在烟台市、青岛市、潍坊市、东营市、济南市、临沂市,占到全区面积的 48.2%;中防灾减灾能力地区主要分布在威海市、济宁市、泰安市、淄博市、滨州市、德州市,占到全区面积的 32.3%;低防灾减灾能力地区分布在聊城市、菏泽市、枣庄市、日照市,占到全区面积的 19.5%。

第六节　综合风险区划

将标准化后的干旱危险性、暴露性、脆弱性、防灾减灾能力指数进行叠加,其中,危险性、暴露性、脆弱性指数采用极大值标准化,防灾减灾能力指数采用极小值标准化,构成干旱综合风险指数,其表达式为:

$$I = \sum_{i=1}^{4} \lambda_i X_i \quad (i = 1, 2, 3, 4) \tag{2.15}$$

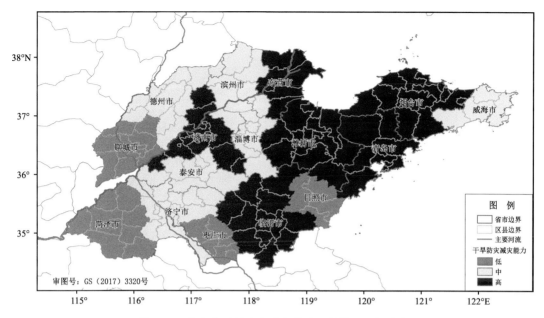

图 2.39　山东省干旱防灾减灾能力区划结果空间分布

式中,I 表示干旱综合风险指数,X_1、X_2、X_3、X_4 为干旱危险性、暴露性、脆弱性、防灾减灾能力指数;λ_1、λ_2、λ_3、λ_4 为因子权重,$\lambda_1 = 0.5$,$\lambda_2 = 0.167$,$\lambda_3 = 0.167$,$\lambda_4 = 0.167$。

根据公式(2.15)计算得到干旱综合风险指数,由于灌溉能力对干旱影响较大,因此,进一步将干旱综合风险指数与灌溉能力进行加权叠加,并采用自然分级法得到山东省不同季节干旱综合风险区划结果。

一、春季干旱综合风险区划

山东省春季干旱综合风险区划结果见图 2.40。山东省春季干旱综合风险低、中、高风险区分别占到全省面积的 23.9%、47.0%、29.1%。其中,高风险区主要分布在菏泽市;低风险区主要分布在东营市、青岛市、烟台市、威海市等地;其他大部分地区为中风险区。

二、夏季干旱综合风险区划

山东省夏季干旱综合风险区划结果见图 2.41。山东省夏季干旱综合风险低、中、高风险区分别占到全省面积的 37.5%、46.8%、15.7%。其中,高风险区主要分布在临沂市;中风险区主要分布在菏泽市、泰安市、日照市、潍坊市、青岛市、烟台市、威海市等地;低风险区主要分布在聊城市、德州市、东营市、滨州市、济宁市、枣庄市等地。

三、秋季干旱综合风险区划

山东省秋季干旱综合风险区划结果见图 2.42。山东省秋季干旱综合风险低、中、高风险区分别占到全省面积的 37.0%、47.6%、15.4%。其中,高风险区主要分布在临沂市;中风险区主要分布在菏泽市、泰安市、日照市、潍坊市、青岛市、烟台市、威海市等地;低风险区主要分布在聊城市、德州市、东营市、滨州市、济宁市等地。

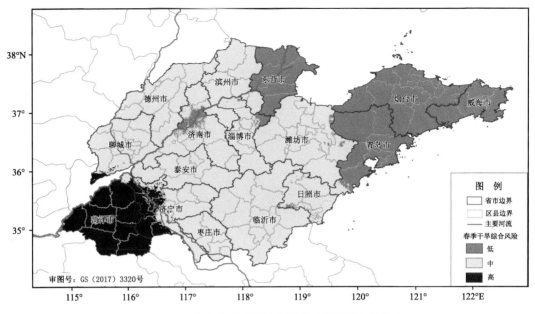

图 2.40　山东省春季干旱综合风险区划结果空间分布

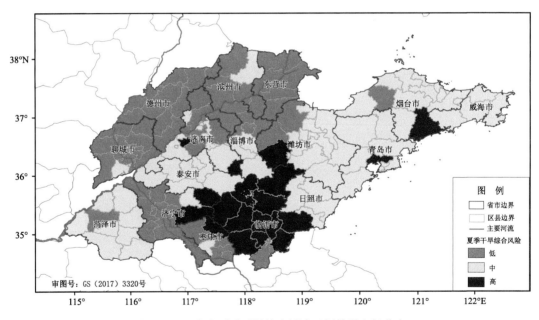

图 2.41　山东省夏季干旱综合风险区划结果空间分布

四、冬季干旱综合风险区划

山东省冬季干旱综合风险区划结果见图 2.43。全省冬季干旱综合风险无高风险区,低风险和中风险区分别占到全省面积的 44.5% 和 55.5%,中风险区主要分布在德州市、聊城市、滨州市、潍坊市、菏泽市和临沂市,以及济南市和淄博市北部部分地区;低风险区主要分布在东营市、烟台市、威海市、青岛市、日照市、泰安市、枣庄市、济宁市等地。

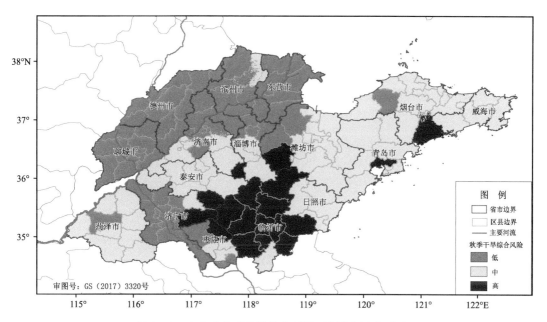

图 2.42　山东省秋季干旱综合风险区划结果空间分布

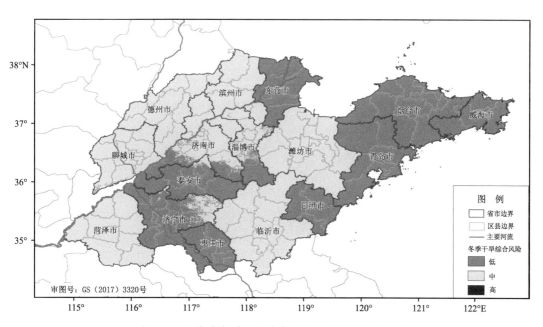

图 2.43　山东省冬季干旱综合风险区划结果空间分布

第三章　高温风险区划

第一节　区划因子选择与权重确定

一、区划因子选择

高温热害,指高温对植物(生物)生长发育和产量形成所造成的损害,一般是由于高温超过农业生物生长发育上限温度造成的,高温会使植株叶绿素失去活性、阻碍光合作用正常进行,使细胞内蛋白质凝集变性,细胞膜半透性丧失,植物的器官组织受到损伤,对作物的主要影响是高温天气对处在开花至成熟期的作物产生热害,多发生在作物夏季生长期,主要分为夏季高温和5月高温。

本书基于山东省 1991—2020 年的气象台站观测数据及 2018—2020 年《山东省统计年鉴》,选择相关的气象因子和社会经济指标作为评价指标,采用趋势面分析、空间分析等方法得到各评价指标的空间分布图;通过层次分析方法、专家打分法等,获取各评价指标的权重。在此基础上,建立了致灾因子危险性指数(包括气象因子危险性和孕灾环境敏感性)、承灾体暴露性指数、承灾体脆弱性指数以及防灾减灾能力指数模型,对高温的致灾因子危险性、承灾体暴露性、承灾体脆弱性以及防灾减灾能力进行了评估和区划。进而采用综合指数构建方法,将致灾因子危险性指数、承灾体暴露性指数、承灾体脆弱性指数以及防灾减灾能力指数进行综合,构建了高温风险指数模型,并对高温风险进行了评估和区划。具体为:选取平均极端最高气温、高温过程平均持续时间、日最高气温≥35 ℃日数为气象因子危险性评价指标;选择河网密度、土地利用类型、坡向、海拔高度为孕灾环境敏感性指标;选取农作物播种面积、总 GDP、总人口数、行政区面积为承灾体暴露性指标;选取玉米种植面积、建设用地、人口密度、死亡率作为承灾体脆弱性评价指标;选取水利设施面积、人均 GDP、灌溉面积及化肥投入量作为防灾减灾能力评价指标。

二、因子权重

高温灾害风险区划包括致灾因子危险性、承灾体暴露性、承灾体脆弱性、防灾减灾能力 4 个指标,其权重值通过层次分析法(AHP)确定。以孕灾环境敏感性为例,AHP 赋予不同因子权重,计算过程如下。

第一步:构建判断矩阵。

根据高温孕灾环境敏感性对高温的影响,河网密度是高温程度的关键指标,严重影响高温。因此,河网密度最重要,其次为土地利用类型、坡向和海拔高度。将河网密度赋值为 3,土地利用类型赋值为 2,坡向和海拔高度均赋值为 1。构成判别矩阵:

$$
\begin{bmatrix}
 & \text{I} & \text{II} & \text{III} & \text{IV} \\
\text{I} & 1 & 2 & 2 & 3 \\
\text{II} & 1/2 & 1 & 2 & 2 \\
\text{III} & 1/2 & 1/2 & 1 & 1 \\
\text{IV} & 1/3 & 1/2 & 1 & 1
\end{bmatrix}
$$

注:矩阵中,Ⅰ.河网密度,Ⅱ.土地利用类型,Ⅲ.坡向,Ⅳ.海拔高低。

第二步:将判断矩阵归一化。

根据和积法,将判断矩阵归一化。过程为将每一列中的每一个数除以这一列的总和,得到标准化矩阵:

$$
\begin{bmatrix}
 & \text{I} & \text{II} & \text{III} & \text{IV} \\
\text{I} & 0.429 & 0.5 & 0.333 & 0.429 \\
\text{II} & 0.214 & 0.25 & 0.333 & 0.286 \\
\text{III} & 0.214 & 0.125 & 0.167 & 0.143 \\
\text{IV} & 0.143 & 0.125 & 0.167 & 0.143
\end{bmatrix}
$$

第三步:计算各因子权重。

将新矩阵求和列数据加和,数值为4,将求和列中每个数除以4,即得到各因子的权重。如河网密度,其权重为0.423,其他各因子权重如矩阵:

$$
\begin{bmatrix}
 & \text{I} & \text{II} & \text{III} & \text{IV} & \text{求和} & \text{权重} \\
\text{I} & 0.429 & 0.5 & 0.333 & 0.429 & 1.69 & 0.423 \\
\text{II} & 0.214 & 0.25 & 0.333 & 0.286 & 1.083 & 0.271 \\
\text{III} & 0.214 & 0.125 & 0.167 & 0.143 & 0.649 & 0.162 \\
\text{IV} & 0.143 & 0.125 & 0.167 & 0.143 & 0.577 & 0.144
\end{bmatrix}
$$

第四步:判断矩阵一致性检验。

将判断矩阵每一行与对应因子的权重相乘后求和,求出高温孕灾环境敏感性因子的 AW 值。基于公式(1.10),计算最大特征根 $\lambda_{max} = 4.046$,查找平均随机一致性指标表1.2对应的 RI = 0.90,基于公式(1.11)计算一致性指标 CI = 0.015,CR = CI/RI,CR = 0.017 < 0.10,通过检验。因此,确定为河网密度、土地利用类型、坡向、海拔高度4个因子的权重分别为0.423、0.271、0.162、0.144。

$$
\begin{bmatrix}
 & \text{I} & \text{II} & \text{III} & \text{IV} & \text{权重} & AW \\
\text{I} & 0.429 & 0.5 & 0.333 & 0.429 & 0.423 & 1.722 \\
\text{II} & 0.214 & 0.25 & 0.333 & 0.286 & 0.271 & 1.095 \\
\text{III} & 0.214 & 0.125 & 0.167 & 0.143 & 0.162 & 0.653 \\
\text{IV} & 0.143 & 0.125 & 0.167 & 0.143 & 0.144 & 0.583
\end{bmatrix}
$$

同理,高温防灾减灾能力判断矩阵如下,计算权重过程同上。

$$\begin{bmatrix} & \text{I} & \text{II} & \text{III} & \text{IV} \\ \text{I} & 1 & 2 & 2 & 3 \\ \text{II} & 1/2 & 1 & 2 & 2 \\ \text{III} & 1/2 & 1/2 & 1 & 1 \\ \text{IV} & 1/3 & 1/2 & 1 & 1 \end{bmatrix}$$

注:矩阵中,I. 水利设施,II. 人均 GDP,III. 灌溉面积,IV. 化肥投入量。

最后,高温灾害风险区划因子的权重如下。

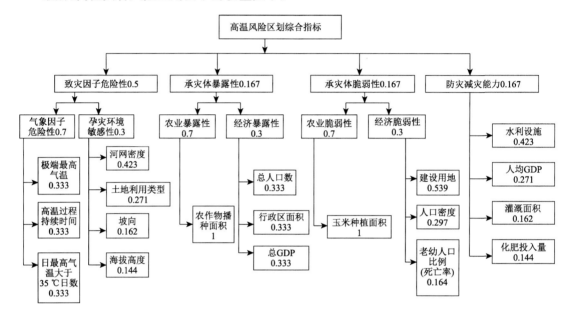

图 3.1　山东省高温风险评价指标系统及权重值

第二节　致灾因子危险性区划

一、气象因子危险性区划

(一)气象因子危险性空间分布

1. 平均极端最高气温

高温热害是农业上的一种气象灾害,是指高温天气对农作物生长发育和产量所造成的损害。因此,极端最高气温越高,高温的危险性就越强,本书统计了 1991—2020 年极端最高气温的平均值,在计算危险性指数时将平均极端最高气温进行极大值标准化,平均极端最高气温空间分布如图 3.2 所示。

可以看出,山东省平均极端最高气温具有一定的空间分布趋势,整体上呈现出由西向东逐渐降低的空间分布特征,其中,高值区主要分布在淄博市、潍坊市、菏泽市、聊城市及德州市等地,最高达到 38.6 ℃,而威海市、烟台市、青岛市及日照市东部等地较低,最低仅为 30.1 ℃,全省平均极端最高气温相差较大,约为 7.5 ℃。

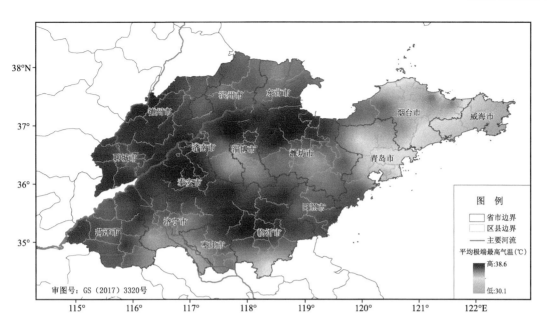

图 3.2　山东省平均极端最高气温空间分布

2. 高温过程平均持续时间

高温持续时间越长,农作物受高温影响程度越大,所造成的破坏强度也就越大。本书将连续 3 d 或以上日最高气温≥35 ℃作为一次高温过程,计算高温过程持续时间的平均值,并在计算危险性指数时将高温过程平均持续时间进行极大值标准化,高温过程平均持续时间空间分布如图 3.3 所示。

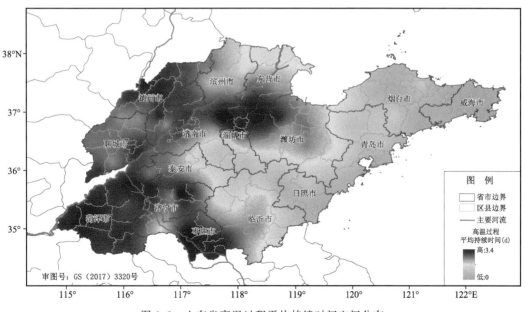

图 3.3　山东省高温过程平均持续时间空间分布

可以看出,山东省高温过程平均持续时间空间区域性较强,总体上呈现出西部持续时间长、东部持续时间短的空间分布特征,其中在淄博市、潍坊市、菏泽市、聊城市、枣庄市及德州市等地,持续时间较长,最长时间达到 3.4 d,而东部的威海市、烟台市、青岛市及日照市东部等地持续时间较短,持续时间几乎为 0 d,全省高温持续时间相差较大,约为 3 d。

3. 日最高气温≥35 ℃日数

气象上通常以日最高气温≥35 ℃为高温天气标准,日最高气温≥35 ℃日数越多,高温出现的概率也就越大,危险性就越强。本书统计了夏季日最高气温≥35 ℃的平均日数,并在计算危险性指数时将日最高气温≥35 ℃日数进行极大值标准化,日最高气温≥35 ℃日数空间分布如图 3.4 所示。

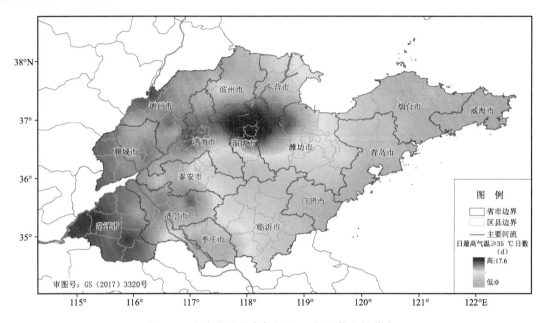

图 3.4　山东省日最高气温≥35 ℃日数空间分布

可以看出,山东省日最高气温≥35 ℃日数空间差异较明显,空间分布并不均匀,整体上表现为西部多、东部少的空间分布特征,其中高值区主要分布在淄博市、潍坊市、菏泽市、聊城市、枣庄市及德州市等地,最多为 17.6 d,低值区主要分布在山东省的东部地区,如威海市、烟台市、青岛市、日照市及临沂市等地,尤其是威海市一带,几乎没有出现,山东省日最高气温≥35 ℃日数最高值与最低值相差在 15 d 以上。

(二)气象因子危险性综合区划结果

气温越高,持续时间越长的地区越容易形成高温热害,受灾越严重,故计算平均极端最高气温、高温过程平均持续时间及日最高气温≥35 ℃日数作为高温气象因子危险性的指标,其表达式为:

$$Q_{高温} = \sum_{i=1}^{1} \lambda_i X_i \quad (i = 1,2,3) \tag{3.1}$$

式中,$Q_{高温}$ 表示高温气象因子危险性指数,X_1、X_2、X_3 分别为平均极端最高气温、高温过程平均持续时间、日最高气温≥35 ℃日数,λ_1、λ_2、λ_3 为因子权重,$\lambda_1 = 0.333$,$\lambda_2 = 0.333$,$\lambda_3 = 0.333$。

图 3.5 为山东省高温气象因子危险性区划结果。可以看出,山东省高温气象因子危险性

风险具有明显的空间差异特征,整体上呈现出西高东低的空间分布特征,高值区主要分布在淄博市、泰安市、济南市、德州市、聊城市、菏泽市等地,尤其是淄博市危险性最高,达到1.0,其次在临沂市、日照市、青岛市及烟台市等地,危险性在0.4~0.6,而威海市危险性最低,基本在0.1以下。

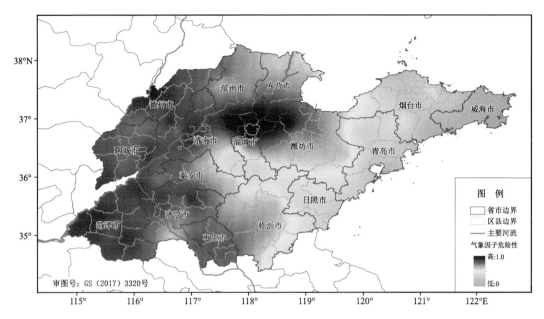

图3.5 山东省高温气象因子危险性区划结果空间分布

二、孕灾环境敏感性区划

(一)孕灾环境敏感性因子

河网密度会改变区域小气候。河网密度越大的地区,空气湿度越大,发生高温的概率越小;海拔高度作为重要的地形因子对于高温有着重要的影响,海拔高度越高,高温发生的概率越小,敏感性越小;因此,本书在计算环境敏感性指数时将河网密度和海拔高度进行极小值标准化。

不同土地利用类型对高温的影响不同,已有研究指出,不同土地利用类型对于风速的减缓作用具有一定的差异,从而影响高温的形成,未利用地和城市用地面积越大,越有利于高温的形成,根据不同土地类型对高温的影响,将不同土地利用类型进行打分,如表3.1所示,并在计算环境敏感性指数时将此因子进行极大值标准化。

表3.1 土地利用类型分值

土地利用类型	水域	林地	草地	耕地	未利用地	城市用地
分值(分)	1	2	3	4	5	6

坡向对高温的影响至关重要。坡向的改变可引起水热再分配,南坡接收太阳热量高于北坡,因此越靠近南向的坡或无坡,温度越高,越容易发生高温灾害,将不同坡向进行打分,如表3.2所示,并在计算环境敏感性指数时将此因子进行极大值标准化。

表 3.2　坡向分级及分值

坡向	西北	西	北	东	东北	南	东	东南	无坡
分值(分)	1	2	3	4	5	6	7	8	9

(二)孕灾环境敏感性综合区划结果

将影响高温孕灾环境敏感性关键因子进行累加,其表达式为:

$$Y = \sum_{i=1}^{5} \lambda_i X_i \qquad (i = 1,2,3,4) \tag{3.2}$$

式中,Y 表示高温孕灾环境敏感性指数,X_1、X_2、X_3、X_4 分别为河网密度、土地利用类型、坡向、海拔高度,λ_1、λ_2、λ_3、λ_4 为因子权重,$\lambda_1 = 0.423$,$\lambda_2 = 0.271$,$\lambda_3 = 0.162$,$\lambda_4 = 0.144$。

图 3.6 为高温孕灾环境敏感性区划结果,可以看出,山东省高温孕灾环境敏感性空间分布具有较强的异质性,总体上呈现出西北低、东部高的空间分布特征,但高值区在全省均有零星分布,尤其是青岛市、日照市及威海市等地,而在黄河两侧的滨州市、东营市、济南市及菏泽市北部敏感性较低。

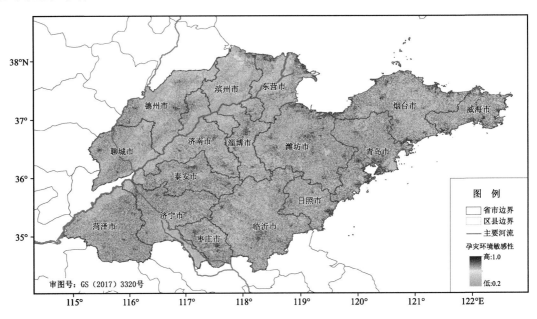

图 3.6　山东省高温孕灾环境敏感性区划结果空间分布

三、致灾因子危险性区划结果

将影响高温的气象因子危险性和孕灾环境敏感性进行累加,得到致灾因子危险性指数,其表达式为:

$$W = \sum_{i=1}^{2} \lambda_i X_i \quad (i = 1,2) \tag{3.3}$$

式中,W 表示高温致灾因子危险性指数,X_1、X_2 分别为影响高温的气象因子危险性指数、孕灾环境敏感性指数;λ_1、λ_2 为因子权重,$\lambda_1 = 0.7$,$\lambda_2 = 0.3$。

根据公式(3.3)计算得到致灾因子危险性指数,并采用自然分级法得到山东省高温致灾因子危险性区划结果。

图3.7为山东省高温致灾因子危险性区划空间分布结果,可以看出,山东省高温致灾因子危险性空间分布趋势性明显,整体上呈现出由东至西逐渐增加的空间分布趋势。其中高危险区面积最大,约占全省总面积的47.0%,主要集中分布在潍坊市西部、淄博市、济南市、泰安市、济宁市、枣庄市、德州市、聊城市及菏泽市等地;中危险区主要包括潍坊市东部、临沂市、滨州市及东营市等地,约占全省总面积的31.5%;低危险区主要分布在日照市、青岛市、烟台市及威海市等地,约占全省总面积的21.5%。

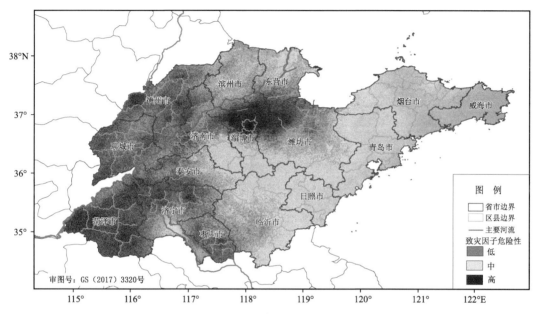

图3.7　山东省高温致灾因子危险性区划结果空间分布

第三节　承灾体暴露性区划

一、农业暴露性区划

(一)农业暴露性因子

高温对于农作物有着很大的影响,农作物播种面积越大,暴露性越大。因此,本书选取农作物播种面积作为农业暴露性因子,在计算农业暴露性指数时将此因子进行极大值标准化。

(二)农业暴露性综合区划结果

将影响高温的农业暴露性因子进行累加,得到农业暴露性指数,其表达式为:

$$B_{农业} = \sum_{i=1}^{1} \lambda_i X_i \qquad (i=1) \tag{3.4}$$

式中,$B_{农业}$表示高温农业暴露性指数,X_1为农作物播种面积;λ_1为因子权重,$\lambda_1=1$。高温农业暴露性综合区划结果见图3.8。

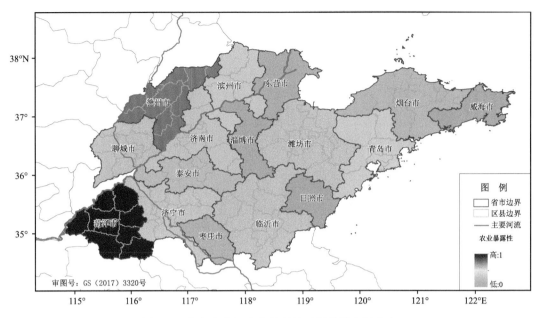

图 3.8　山东省高温农业暴露性区划结果空间分布

可以看出,山东省各地区高温农业暴露性差异明显,空间分布不均匀,其中菏泽市农业暴露性高达 1.0;其次为德州市、聊城市、济宁市、临沂市及潍坊市等地,农业暴露性在 0.3~0.8;而烟台市、威海市、青岛市、东营市、淄博市、泰安市、枣庄市、日照市等地农业暴露性较低,在 0.2 以下。

二、经济暴露性区划

(一)经济暴露性因子

总 GDP 越高,灾害发生时,经济暴露性越大;人口密集区是高温灾害多发地区,选取总人口数因子分析高温灾害与人口的相关性是可行的,总人口数越多,经济暴露性越强;行政区面积越大,灾害发生时,区域灾害危害程度空间分异越大,灾情破坏程度的信息越复杂,行政区面积越大,经济暴露性越强。因此,本书在计算经济暴露性指数时选取总 GDP、总人口数、行政区面积为经济暴露性因子,并进行极大值标准化。

(二)经济暴露性区划结果

将标准化后的总 GDP、总人口数、行政区面积进行叠加,得到高温经济暴露性指数模型,其表达式为:

$$B_{经济} = \sum_{i=1}^{2} \lambda_i X_i \qquad (i=1,2,3) \tag{3.5}$$

式中,$B_{经济}$ 表示高温经济暴露性指数,X_1、X_2、X_3 分别为总 GDP、总人口数、行政区面积;λ_1、λ_2、λ_3 为因子权重,$\lambda_1=0.333,\lambda_2=0.333,\lambda_3=0.333$。山东省高温经济暴露性区划结果见图 3.9。

可以看出,山东省高温经济暴露性空间分布不均匀,全省经济暴露性高值区主要分布在青岛市、临沂市、潍坊市、烟台市及济南市等地,其中青岛市的经济暴露性最高,在 0.8 左右,其次为济宁市与菏泽市等地,在 0.3~0.4,而聊城市、德州市、泰安市、滨州市、淄博市、枣庄市、东营市、日照市及威海市等地经济暴露性较低,在 0.2 以下。

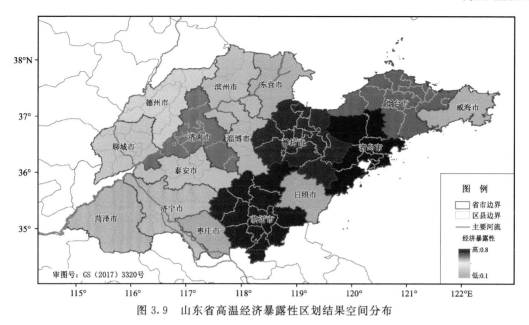

图 3.9　山东省高温经济暴露性区划结果空间分布

三、承灾体暴露性区划结果

将高温农业暴露性指数和经济暴露性指数进行累加,得到承灾体暴露性指数,其表达式为:

$$B = \sum_{i=1}^{2} \lambda_i X_i \quad (i = 1,2) \tag{3.6}$$

式中,B 表示高温承灾体暴露性指数,X_1、X_2 分别为农业暴露性指数、经济暴露性指数;λ_1、λ_2 为因子权重,$\lambda_1 = 0.7$,$\lambda_2 = 0.3$。

根据公式(3.6)计算得到承灾体暴露性指数,并采用自然分级法得到山东省高温承灾体暴露性区划结果,见图 3.10。

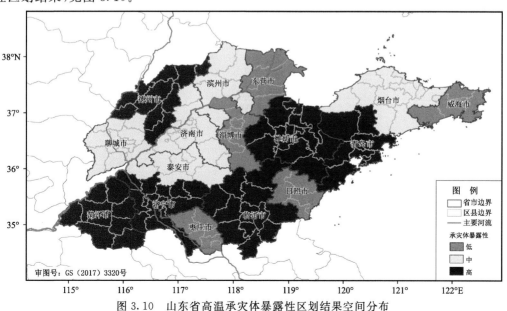

图 3.10　山东省高温承灾体暴露性区划结果空间分布

图 3.10 可以看出,山东省高温承灾体暴露性具有明显的空间差异性,其中,菏泽市、济宁市、德州市及临沂市、潍坊市、青岛市属于高暴露性,约占全省总面积的 49.7%,而聊城市、泰安市、济南市、滨州市及烟台市属于中暴露性,约占总面积的 32.0%,东营市、淄博市、枣庄市、日照市及威海市为低暴露性,约占全省总面积的 18.3%。

第四节 承灾体脆弱性区划

一、农业脆弱性区划

(一)农业脆弱性因子

玉米为山东省夏季主要粮食作物之一,高温为影响其生长发育的主要农业气象灾害之一,高温能够破坏玉米的水分平衡和光合作用,严重威胁玉米后期生长,对玉米的产量影响较大,所以玉米种植面积越大,农业脆弱性越强。因此,本书在计算农业脆弱性时选取玉米种植面积作为农业脆弱性因子,并将此因子进行极大值标准化。

(二)农业脆弱性综合区划结果

将高温的农业脆弱性因子进行累加,得到高温农业脆弱性指数,其表达式为:

$$C_{\text{高温农业}} = \sum_{i=1}^{1} \lambda_i X_i \quad (i=1) \tag{3.7}$$

式中,$C_{\text{高温农业}}$ 表示高温农业脆弱性指数,X_1 为玉米种植面积;λ_1 为因子权重,$\lambda_1 = 1$。山东省高温农业脆弱性区划结果见图 3.11。

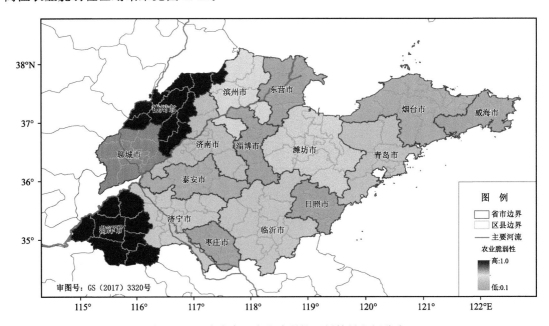

图 3.11 山东省高温农业脆弱性区划结果空间分布

可以看出,山东省各地区农业脆弱性有所不同。其中,德州与菏泽农业脆弱性较大,接近1.0;其次为潍坊市、滨州市及聊城市等地,农业脆弱性在 0.3～0.8;其余地区农业脆弱性较低,尤其是威海市、东营市、淄博市、日照市及枣庄市等地,农业脆弱性在0.2以下。

二、经济脆弱性区划

(一)经济脆弱性因子

建设用地面积影响高温危害程度,建设用地面积越大,越容易造成热岛效应,导致白天温度升高,湿度减少,形成高温危害影响越大。人口密度越大,单位面积受灾人数越多,灾区需要各地调配的资源越多,同样情境下,人口密度越大,高温脆弱性越大。死亡率在一定程度上表现了一个地区医疗水平及居民健康水平的高低,同时,不同年龄人口死亡率的变动趋势差异会对人口年龄结构产生影响,给经济发展带来较大的不确定性,死亡率越高,经济脆弱性越强。

因此,本书在计算经济脆弱性指数时选取建设用地面积、人口密度、死亡率作为经济脆弱性因子,并进行极大值标准化。

(二)经济脆弱性区划结果

将标准化后的经济脆弱性因子进行叠加,得到高温经济脆弱性指数,其表达式为:

$$C_{经济} = \sum_{i=1}^{2} \lambda_i X_i \quad (i = 1,2,3) \tag{3.8}$$

式中,$C_{经济}$表示高温经济脆弱性指数,X_1、X_2、X_3分别为建设用地面积、人口密度、死亡率;λ_1、λ_2、λ_3为因子权重,$\lambda_1 = 0.539$,$\lambda_2 = 0.297$,$\lambda_3 = 0.164$。山东省高温经济脆弱性区划结果见图3.12。

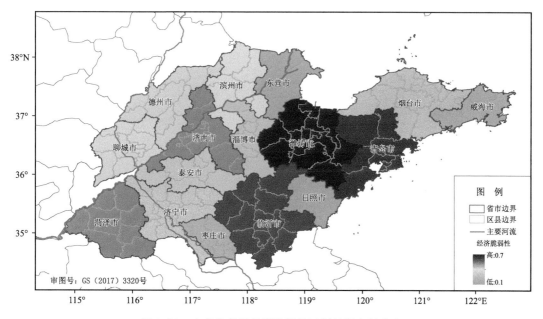

图3.12　山东省高温经济脆弱性区划结果空间分布

山东省高温经济脆弱性空间分布具有一定区域性,空间分布并不均匀,整体呈现中间高、东西低的空间分布特征,高值区主要分布在青岛市、潍坊市、济南市、菏泽市等地,最高值为0.7,其次为济宁市、滨州市、烟台市、德州市及聊城市等地,在0.3~0.5,东营市、日照市,枣庄市及威海市等地经济脆弱性较低,在0.2以下。

三、承灾体脆弱性区划结果

将高温的农业脆弱性和经济脆弱性指数进行累加,得到承灾体脆弱性指数,其表达式为:

$$C_{高温农业} = \sum_{i=1}^{2} \lambda_i X_i \quad (i = 1,2) \tag{3.9}$$

式中,$C_{高温农业}$表示高温承灾体脆弱性指数,X_1、X_2分别为农业脆弱性指数、经济脆弱性指数;λ_1、λ_2为因子权重,$\lambda_1 = 0.7$,$\lambda_2 = 0.3$。

根据公式(3.9)计算得到高温承灾体脆弱性指数,并采用自然分级法得到山东省高温承灾体脆弱性区划结果,见图3.13。

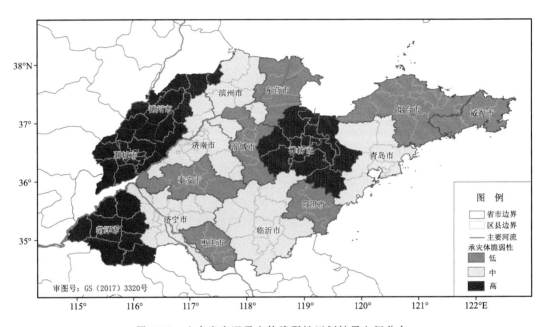

图3.13 山东省高温承灾体脆弱性区划结果空间分布

可以看出,山东省高温承载体脆弱性空间分布并不均匀,其中,除菏泽市、德州市、潍坊市为高脆弱性以外,其他地区为中、低脆弱性,中脆弱区主要包括滨州市、济南市、聊城市、济宁市、临沂市及青岛市,而低脆弱区主要分布在东营市、淄博市、泰安市、枣庄市、日照市、烟台市及威海市等地,高、中、低脆弱性分别占全省总面积的24.6%、43.3%、32.1%。

第五节 防灾减灾能力区划

一、防灾减灾能力因子

水利设施越多,越能有效缓解高温热害对作物带来的伤害,能够及时给作物补充水分,高温防灾减灾能力越强。人均GDP越高,居民宣传防灾减灾知识力度越大,民众储备必要的科学常识和自救知识比例越高,对组织民众进行灾害演练、模拟灾害现场、积累实战经验等措施配合程度也越高,高温防灾减灾能力越强。灌溉面积越大,推进生态保护和修复工程越快,同时可以加强荒漠化、石漠化、水土流失的综合治理,在应对气候变化等带来的灾害中发挥了促进作用,因此,高温防灾减灾能力越强。化肥具有改良土壤、提高农作物抗逆性等功效,是抵御气象灾害、保证国家粮食安全的重要因素,在作物防灾减灾中发挥了重要作用。

因此,本书在计算防灾减灾指数时选取水利设施面积、人均 GDP、灌溉面积、化肥投入量作为防灾减灾因子,并进行极大值标准化。

二、防灾减灾能力区划结果

将标准化后的高温防灾减灾能力关键因子进行累加,得到防灾减灾能力指数,其表达式为:

$$F = \sum_{i=1}^{4} \lambda_i X_i \quad (i = 1, 2, 3, 4) \tag{3.10}$$

式中,F 表示高温防灾减灾指数,X_1、X_2、X_3、X_4 分别为影响高温防灾减灾能力关键因子水利设施、人均 GDP、灌溉面积、化肥投入量;λ_1、λ_2、λ_3、λ_4 为因子权重,$\lambda_1 = 0.423$,$\lambda_2 = 0.271$,$\lambda_3 = 0.162$,$\lambda_4 = 0.144$。

根据公式(3.10)计算得到防灾减灾能力指数,并采用自然分级法得到山东省高温防灾减灾能力区划结果,见图 3.14。

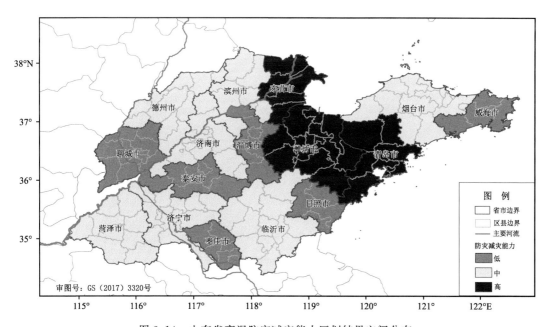

图 3.14　山东省高温防灾减灾能力区划结果空间分布

可以看出,山东省高温防灾减灾能力具有明显的空间差异性,其中,高防灾减灾能力的区域主要包括东营市、潍坊市及青岛市,约占全省总面积的 21.8%,中防灾减灾能力的地区较多,主要包括菏泽市、德州市、滨州市、济南市、济宁市、临沂市及烟台市,约占全省总面积的 53.9%,低防灾减灾能力的地区主要有威海市、日照市、淄博市、泰安市、枣庄市及聊城市,约占全省总面积的 24.2%。

第六节 综合风险区划

将标准化后的高温危险性、暴露性、脆弱性、防灾减灾能力指数进行叠加,其中危险性、暴露性、脆弱性指数采用极大值标准化,防灾减灾能力指数采用极小值标准化,构成综合风险指数,其表达式为:

$$I_{高温} = \sum_{i=1}^{4} \lambda_i X_i \quad (i = 1,2,3,4) \tag{3.11}$$

式中,$I_{高温}$表示高温综合风险指数,X_1、X_2、X_3、X_4分别为高温致灾因子危险性、承灾体暴露性、承灾体脆弱性、防灾减灾能力指数;λ_1、λ_2、λ_3、λ_4为因子权重,$\lambda_1 = 0.5$,$\lambda_2 = 0.167$,$\lambda_3 = 0.167$,$\lambda_4 = 0.167$。

根据公式(3.11)计算得到高温综合风险指数,并采用自然分级法得到山东省高温综合风险区划结果,见图3.15。

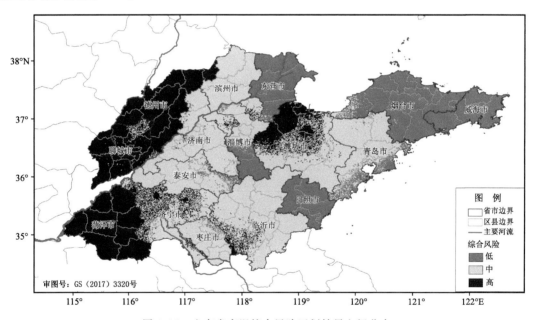

图 3.15 山东省高温综合风险区划结果空间分布

图3.15可以看出,山东省高温综合风险空间差异较大,高风险区主要分布在菏泽市、聊城市、德州市及潍坊市北部、临沂市西南部等地,约占全区总面积的26.3%;中风险区分布较广主要包括泰安市、枣庄市、济宁市、济南市、滨州市、青岛市、临沂市大部、淄博市北部及潍坊市南部等地,约占全区总面积的50.0%;低风险区主要包括烟台市、威海市、东营市、日照市及淄博市南部等地,约占全区总面积的23.8%。

第四章　渍涝风险区划

第一节　区划因子选择与权重确定

一、区划因子选择

渍涝,因洪涝而造成的地面积水。渍涝是一种气象灾害,渍涝灾害往往是由连续性的较大降水造成。在极端暴雨或者持续降水等事件下,一定区域内较短时间聚集的雨水远远超出该区域的行洪量,就有可能会导致该区域出现洪涝现象,严重时影响该地区的生产活动。洪涝灾害的出现会淹没农田,导致农作物不能正常生长,甚至出现大面积的死亡现象,最终影响农作物产量和品质。

本书利用山东省 1991—2020 年 6—8 月的降水量数据和 2018—2020 年的统计年鉴,从致灾因子危险性、承灾体暴露性和脆弱性以及防灾减灾能力 4 个方面入手,在分别构建了致灾因子危险性、承灾体暴露性和脆弱性以及防灾减灾能力评价模型的基础上,构建了渍涝风险评价模型。

综合考虑气象因子危险性和孕灾环境敏感性,采用暴雨洪涝指数(R)、最大过程降水量、坡度、海拔高度、地形标准差、土地利用类型和河网密度作为致灾因子危险性评价指标,建立致灾因子危险性评价模型;以农作物播种面积、总 GDP、总人口数、行政区面积作为承灾体暴露性指标,构建承灾体暴露性评价模型;采用大豆种植面积、花生种植面积、棉花种植面积、农作物面积比例、人口密度作为承灾体脆弱性评价指标,建立承灾体脆弱性评价模型;选取水利设施面积、人均 GDP、农民人均收入、在校生人数作为防灾减灾能力的评价指标,建立防灾减灾能力评价模型。利用加权综合评价法,构建山东省渍涝风险评价指标体系和模型。

二、因子权重

渍涝灾害风险区划包括致灾因子危险性、承灾体暴露性、承灾体脆弱性、防灾减灾能力 4 个指标,其权重值通过层次分析法(AHP)确定。以孕灾环境敏感性为例,采用 AHP 赋予不同因子权重,计算过程如下。

第一步:构建判断矩阵。

根据渍涝孕灾环境敏感性对渍涝的影响,坡度是渍涝能否产生的关键指标,严重影响渍涝。因此,坡度指标最重要,依次为海拔高度、地形标准差、土地利用类型和河网密度,将坡度赋值为 4,海拔高度赋值为 3,土地利用类型和地形标准差赋值为 2,河网密度赋值为 1。构成判别矩阵:

$$\begin{array}{c|ccccc} & \text{I} & \text{II} & \text{III} & \text{IV} & \text{V} \\ \hline \text{I} & 1 & 2 & 3 & 3 & 4 \\ \text{II} & 1/2 & 1 & 2 & 2 & 3 \\ \text{III} & 1/3 & 1/2 & 1 & 1 & 2 \\ \text{IV} & 1/3 & 1/2 & 1 & 1 & 2 \\ \text{V} & 1/4 & 1/3 & 1/2 & 1/2 & 1 \end{array}$$

注：矩阵中，I. 坡度，II. 海拔高度，III. 地形标准差，IV. 土地利用类型，V. 河网密度。

第二步：将判断矩阵归一化。

根据和积法，将判断矩阵归一化。过程为将每一列中的每一个数除以这一列的总和，得到标准化矩阵：

$$\begin{array}{c|ccccc} & \text{I} & \text{II} & \text{III} & \text{IV} & \text{V} \\ \hline \text{I} & 0.413 & 0.462 & 0.4 & 0.4 & 0.333 \\ \text{II} & 0.207 & 0.231 & 0.267 & 0.267 & 0.25 \\ \text{III} & 0.138 & 0.115 & 0.134 & 0.134 & 0.167 \\ \text{IV} & 0.138 & 0.115 & 0.134 & 0.134 & 0.167 \\ \text{V} & 0.103 & 0.077 & 0.067 & 0.067 & 0.083 \end{array}$$

第三步：计算各因子权重。

将新矩阵求和列数据加和，数值为5，将求和列中每个数除以5，即得到各因子的权重。如坡度，其权重为0.402，其他各因子权重如矩阵：

$$\begin{array}{c|ccccccc} & \text{I} & \text{II} & \text{III} & \text{IV} & \text{V} & \text{求和} & \text{权重} \\ \hline \text{I} & 0.414 & 0.462 & 0.4 & 0.4 & 0.333 & 2.01 & 0.402 \\ \text{II} & 0.207 & 0.231 & 0.267 & 0.267 & 0.25 & 1.22 & 0.244 \\ \text{III} & 0.138 & 0.115 & 0.133 & 0.133 & 0.167 & 0.687 & 0.137 \\ \text{IV} & 0.138 & 0.115 & 0.133 & 0.133 & 0.167 & 0.687 & 0.137 \\ \text{V} & 0.103 & 0.077 & 0.067 & 0.067 & 0.083 & 0.397 & 0.079 \end{array}$$

第四步：判断矩阵一致性检验。

将判断矩阵每一行与对应因子的权重相乘后求和，求出渍涝孕灾环境敏感性因子的 AW 值。基于公式(1.10)，计算最大特征根 $\lambda_{max}=5.033$，查找平均随机一致性指标表1.2对应的 RI＝1.12，基于公式(1.11)计算一致性指标 CI＝0.008，CR＝CI/RI，CR＝0.007（CR＜0.10），通过检验。因此，确定为坡度、海拔高度、地形标准差、土地利用类型和河网密度5个因子的权重分别为 0.402、0.244、0.137、0.137、0.079。

$$\begin{array}{c|ccccccc} & \text{I} & \text{II} & \text{III} & \text{IV} & \text{V} & \text{权重} & AW \\ \hline \text{I} & 0.414 & 0.462 & 0.4 & 0.4 & 0.333 & 0.402 & 2.03 \\ \text{II} & 0.207 & 0.231 & 0.267 & 0.267 & 0.25 & 0.244 & 1.23 \\ \text{III} & 0.138 & 0.115 & 0.133 & 0.133 & 0.167 & 0.137 & 0.689 \\ \text{IV} & 0.138 & 0.115 & 0.133 & 0.133 & 0.167 & 0.137 & 0.689 \\ \text{V} & 0.103 & 0.077 & 0.067 & 0.067 & 0.083 & 0.079 & 0.399 \end{array}$$

同理，渍涝防灾减灾能力判断矩阵如下表，计算权重过程同上。

$$\begin{array}{c}\begin{array}{cccc} & \text{I} & \text{II} & \text{III} & \text{IV}\end{array}\\ \begin{bmatrix}\text{I} & 1 & 2 & 2 & 3\\ \text{II} & 1/2 & 1 & 2 & 2\\ \text{III} & 1/2 & 1/2 & 1 & 1\\ \text{IV} & 1/3 & 1/2 & 1 & 1\end{bmatrix}\end{array}$$

注:矩阵中,Ⅰ.水利设施面积,Ⅱ.人均GDP,Ⅲ.农民人均收入,Ⅳ.在校生人数。

同理,渍涝灾害综合风险区划因子判断矩阵如下,计算权重过程同上。

$$\begin{array}{c}\begin{array}{cccc} & \text{I} & \text{II} & \text{III} & \text{IV}\end{array}\\ \begin{bmatrix}\text{I} & 1 & 3 & 3 & 3\\ \text{II} & 1/3 & 1 & 1 & 1\\ \text{III} & 1/3 & 1 & 1 & 1\\ \text{IV} & 1/3 & 1 & 1 & 1\end{bmatrix}\end{array}$$

注:矩阵中,Ⅰ.致灾因子危险性,Ⅱ.承灾体暴露性,Ⅲ.承灾体脆弱性,Ⅳ.防灾减灾能力。

最后,渍涝灾害风险区划因子的权重如下。

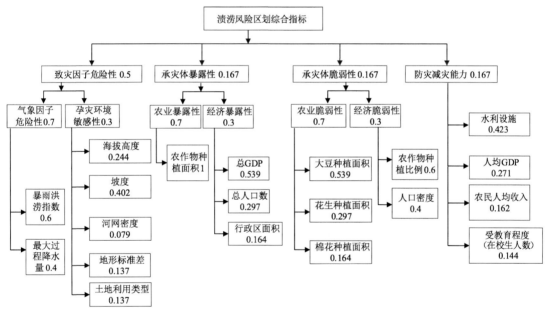

图4.1 山东省渍涝风险评价指标系统及权重值

第二节 致灾因子危险性区划

一、气象因子危险性区划

(一)气象因子危险性空间分布

1.暴雨洪涝指数

在众多自然灾害中,气象灾害损失占自然灾害总损失的70%以上,暴雨洪涝是最重要的气象灾害之一。近年来暴雨洪涝灾害频发,受灾程度明显增加,并且受气候变化影响,未来洪涝灾害发生风险将进一步上升。本书利用 1991—2020 年 6—8 月不同等级暴雨日数构建暴雨洪涝指数,暴雨洪涝指数高的地区受渍涝灾害的影响较大,在计算危险性指数时将暴雨洪涝指数进行极大值标准化,具体山东省暴雨洪涝指数空间分布如图 4.2 所示。

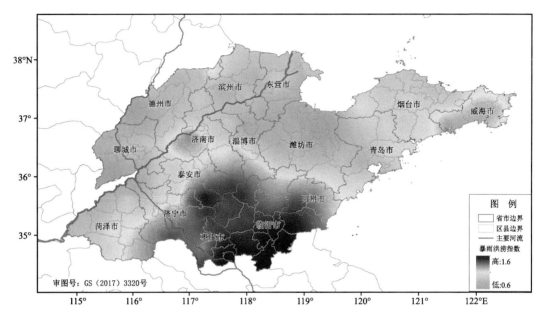

图 4.2　山东省暴雨洪涝指数空间分布

山东省暴雨洪涝指数呈现明显的空间分布趋势,整体上表现出由南向北逐渐降低的趋势,在威海市局部出现高值区。具体表现为:高值区主要分布在日照市、临沂市、枣庄市等地,最高值为 1.6;低值区主要分布在聊城市、德州市、滨州市、东营市、潍坊市等地,最低值为 0.6。

2. 最大过程降水量

气象学上,将 12 h 降水量大于 30 mm 定义为暴雨。最大过程降水量越大,越容易使低洼地区水浸而成灾,受渍涝灾害的影响越大,本书在计算危险性指数时将最大过程降水量进行极大值标准化,山东省最大过程降水量空间分布如图 4.3 所示。

山东省最大过程降水量具有明显的空间趋势性,自南向北呈减少趋势。具体表现为:高值区主要分布在日照市、临沂市、枣庄市等地,最高值为 176.5 mm;低值区主要分布在聊城市、德州市、滨州市等地,最低值为 93.7 mm。

(二)气象因子危险性区划结果

将标准化后的暴雨洪涝指数和最大过程降水量进行叠加,构成渍涝气象因子危险性指数,其表达式为:

$$Q_{渍涝} = \sum_{i=1}^{2} \lambda_i X_i \quad (i=1,2) \tag{4.3}$$

式中,$Q_{渍涝}$ 表示渍涝气象因子危险性指数,X_1、X_2 分别为暴雨洪涝指数、最大过程降水量;λ_1、λ_2 为因子权重,$\lambda_1 = 0.6$,$\lambda_2 = 0.4$。山东省渍涝气象因子危险性区划结果见图 4.4。

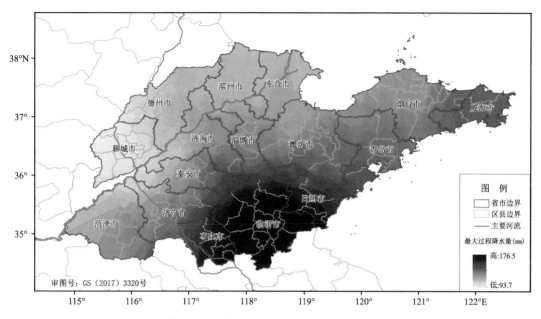

图 4.3　山东省最大过程降水量空间分布

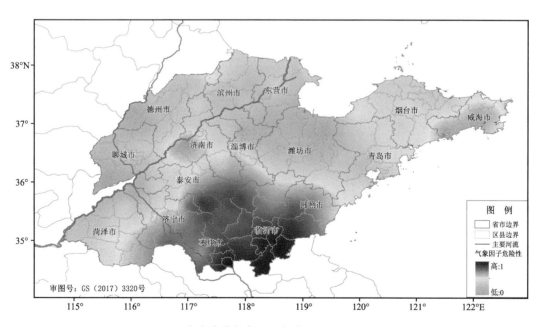

图 4.4　山东省溃涝气象因子危险性区划结果空间分布

　　山东省溃涝气象因子危险性整体上表现出由南向北逐渐减小的趋势。具体表现为：高值区主要分布在日照市、临沂市、枣庄市、泰安市、济宁市等地；低值区主要分布在聊城市、德州市、滨州市、东营市、潍坊市等地。

二、孕灾环境敏感性区划

(一)孕灾环境敏感性因子

坡度对渍涝的影响至关重要,坡度越大,径流速度加快,地面的积水、滞水作用越弱,越不利于渍涝的形成。地形绝对高程越低,地形变化越小,越容易遭受洪水侵袭、排除洪水越困难,易发生洪灾,因此,海拔高度越高,越不利于渍涝的形成。地形标准差指用指定区域内最大高程与最小高程的差值来表达地形的起伏程度,已有研究表明,山洪灾害集中分布在高程标准差小的地区,因而地形标准差越小越有利于渍涝的形成,山东省空间分布如图4.5所示。

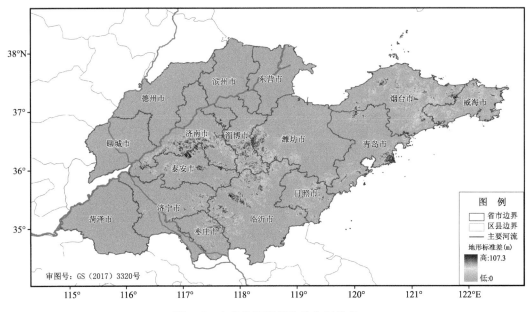

图 4.5　山东省地形标准差空间分布

从图中可以看出,山东省地形标准差空间分布差异性较小,绝大部分地区敏感性较低,中高值区主要分布在济南市、淄博市、潍坊市、临沂市等地,还零星分布烟台市、威海市等地,最高值为107.3。

不同土地利用类型对降雨径流量的影响不同。已有研究指出,土地利用的变化使径流量趋于增大;降雨强度越大,前期土壤湿润程度越大,土地利用变化对径流量的影响就越小。降雨—径流的空间分布随土地利用类型、土壤类型、前期土壤湿润程度而发生变化,下垫面的产流能力越高,下渗能力越弱,越易发生渍涝灾害。因此,将土地利用类型打分,如表4.1所示。

表 4.1　土地利用类型分值

土地利用类型	耕地	林地	草地	水域	建设用地	未利用地
分值(分)	5	2	4	1	6	3

一般认为,随着降雨量的提高,河网密度加大;从下垫面方面来说,河网密度还受入渗能力的影响,随着渗透性加大,流域河网密度降低;河网密度越大的地区,降雨量高、渗透性弱,形成渍涝灾害的隐患越大。

本书在计算环境敏感性指数时将坡度、海拔高度、地形标准差、土地利用类型进行极小值标准化,将河网密度进行极大值标准化。

(二)孕灾环境敏感性区划结果

将标准化后的溃涝孕灾环境敏感性关键因子进行累加,得到孕灾环境敏感性指数,其表达式为:

$$Y = \sum_{i=1}^{5} \lambda_i X_i \quad (i = 1, 2, \cdots, 5) \tag{4.2}$$

式中,Y 表示溃涝孕灾环境敏感性指数,X_1、X_2、X_3、X_4、X_5 分别为坡度、海拔高度、地形标准差、土地利用类型、河网密度;λ_1、λ_2、λ_3、λ_4、λ_5 为因子权重,$\lambda_1 = 0.402$,$\lambda_2 = 0.244$,$\lambda_3 = 0.137$,$\lambda_4 = 0.137$,$\lambda_5 = 0.079$。山东省溃涝孕灾环境敏感性区划结果见图 4.6。

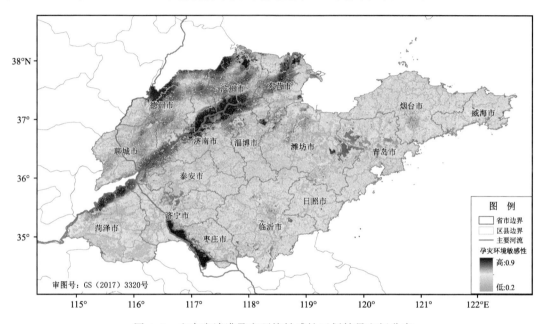

图 4.6　山东省溃涝孕灾环境敏感性区划结果空间分布

山东省溃涝孕灾环境敏感性空间分布差异性较明显,高值区主要集中分布在德州市、滨州市、济南市、东营市,零星分布在淄博市、潍坊市、聊城市、济宁市、枣庄市等地,最高值为 0.9;低值区在全区均有分布,主要分布在泰安市、菏泽市、潍坊市、临沂市、日照市、烟台市、威海市等地,最低值为 0.2。

三、致灾因子危险性区划结果

将影响溃涝的气象因子危险性和孕灾环境敏感性进行累加,得到致灾因子危险性指数,其表达式为:

$$W_{溃涝} = \sum_{i=1}^{2} \lambda_i X_i \quad (i = 1, 2) \tag{4.3}$$

式中,$W_{溃涝}$ 表示溃涝危险性指数,X_1、X_2 分别为溃涝的气象因子危险性指数、孕灾环境敏感性指数;λ_1、λ_2 为因子权重,$\lambda_1 = 0.7$,$\lambda_2 = 0.3$。

根据公式(4.3)计算得到致灾因子危险性指数,并采用自然分级法得到山东省溃涝致灾因子危险性区划结果,见图 4.7。

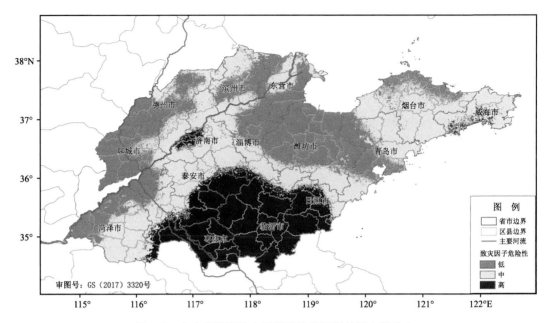

图 4.7 山东省渍涝致灾因子危险性区划结果空间分布

山东省渍涝致灾因子危险性具有明显的空间分布趋势,大体上表现为南高、北低,威海市局部出现高值区,低、中、高危险区分别占到全区面积的 34%、43.6%、22.4%。其中,临沂市、枣庄市、日照市、济宁市、泰安市为渍涝致灾因子高危险性集中分布的区域,济南市、威海市也有零星分布;菏泽市、泰安市、济南市、烟台市等地为渍涝致灾因子中危险性集中分布的区域;德州市、聊城市、滨州市、东营市、潍坊市等地为渍涝致灾因子低危险性集中分布的区域。

第三节 承灾体暴露性区划

一、农业暴露性区划

(一)农业暴露性因子

渍涝对于农作物有着很大的影响,降雨量大或降雨时间长,越易引起地表水径流,农作物受淹,发生涝害;或土壤耕层长期滞水或土壤水饱和,土壤通气不良,破坏农作物正常代谢过程,导致渍害。严重时农作物不能生长,甚至绝产,从而影响农作物收成面积。因此,本书选取农作物播种面积作为农业暴露性因子,并在计算时进行极大值标准化。

(二)农业暴露性区划结果

将农作物播种面积进行标准化后,计算农业暴露性区划结果,其表达式为:

$$B_{农业} = \sum_{i=1}^{1} \lambda_i X_i \quad (i=1) \tag{4.4}$$

式中,$B_{农业}$ 表示渍涝农业暴露性指数,X_1 为山东省农作物播种面积;λ_1 为因子权重,$\lambda_1 = 1$。山东省渍涝农业暴露性区划结果见图 4.8。

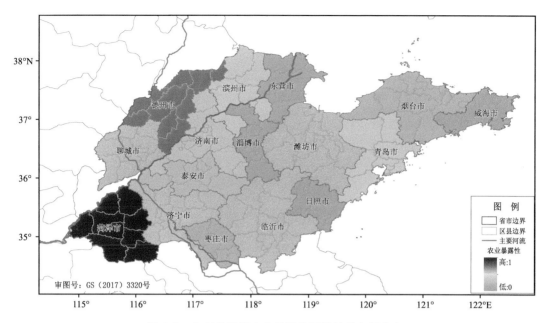

图 4.8　山东省渍涝农业暴露性区划结果空间分布

山东省农业暴露性高值区位于菏泽市、德州市等地;聊城市、济宁市、临沂市、潍坊市等地次之;低值区分布在东营市、淄博市、日照市、威海市等地。

二、经济暴露性区划

(一)经济暴露性因子

总 GDP 越高,渍涝发生时,造成的财产损失越大,经济暴露性也就越大。行政区面积越大,灾害发生时,区域灾害危害程度空间分异越大,灾情破坏程度的信息越复杂,经济暴露性越大。人口密集区是渍涝灾害多发地区,总人口数越高,经济暴露性越大。

因此,本书在计算经济暴露性指数时选取总 GDP、行政区面积、总人口数作为经济暴露性因子,并进行极大值标准化。

(二)经济暴露性区划结果

将影响渍涝的经济暴露性因子进行累加,得到渍涝经济暴露性指数,其表达式为:

$$B_{经济} = \sum_{i=1}^{3} \lambda_i X_i \qquad (i = 1, 2, 3) \tag{4.5}$$

式中,$B_{经济}$ 表示渍涝经济暴露性指数,X_1、X_2、X_3 分别为总 GDP、总人口数、行政区面积;λ_1、λ_2、λ_3 为因子权重,$\lambda_1 = 0.539$,$\lambda_2 = 0.297$,$\lambda_3 = 0.164$。山东省经济暴露性区划结果见图 4.9。

山东省渍涝经济暴露性空间分布不均匀。具体表现为:高值区主要分布在青岛市;烟台市、潍坊市、济南市、临沂市、菏泽市、济宁市次之;低值区主要分布在威海市、东营市、枣庄市、日照市等地。

三、承灾体暴露性区划结果

将影响渍涝的农业暴露性和经济暴露性进行累加,得到承灾体暴露性指数,其表达式为:

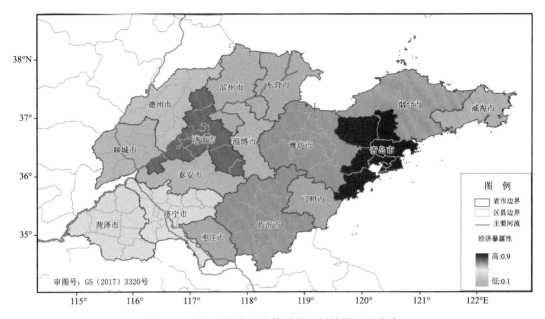

图 4.9　山东省渍涝经济暴露性区划结果空间分布

$$B = \sum_{i=1}^{2} \lambda_i X_i \quad (i = 1, 2) \tag{4.6}$$

式中,B 表示渍涝暴露性指数,X_1、X_2 分别为渍涝的农业暴露性指数、经济暴露性指数;λ_1、λ_2 为因子权重,$\lambda_1 = 0.7$,$\lambda_2 = 0.3$。

　　根据公式(4.6)计算得到承灾体暴露性指数,并采用自然分级法得到山东省渍涝承灾体暴露性区划结果,见图 4.10。

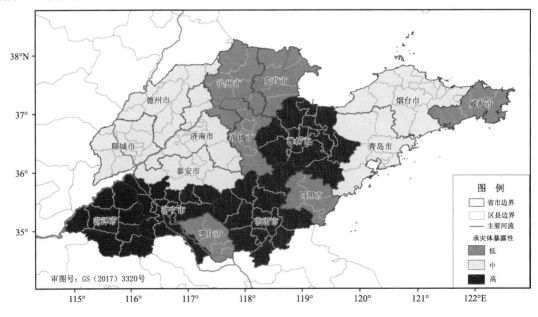

图 4.10　山东省渍涝承灾体暴露性区划结果空间分布

山东省溃涝承灾体暴露性整体上表现出南高北低的特点,山东省低、中、高暴露性地区分别占到全省面积的 24.4%、39.8%、35.8%。其中,菏泽市、济宁市、临沂市及潍坊市为高暴露性地区;中暴露性地区主要分布在聊城市、德州市、泰安市、济南市、青岛市和烟台市;低暴露性地区主要分布在东营市、滨州市、淄博市、枣庄市、日照市、威海市。

第四节　承灾体脆弱性区划

一、农业脆弱性区划

(一)农业脆弱性因子

6—8 月是溃涝灾害的多发时段,溃涝灾害对大豆、花生、棉花生长影响较大。大豆在开花期淹水深 20 cm,8～10 d 后植株根系发育不良,叶片发黄,新根少,根老化,或根表皮及根毛脱落,根呈暗褐色,造成落花落荚,大豆减产,严重时大豆不能生长,甚至绝产。花生开花结荚期受涝,会导致植株黄弱,对子房发育和荚果膨大影响大,长时间受渍害,会造成根系发育不良,根部变黄变黑,根瘤菌固氮能力降低,籽仁含油率低,品质变劣;成熟期受涝,果壳变色或荚果浆烂,丧失经济价值。溃涝对棉花生产量的影响最主要是减少棉花的总铃数,且在淹水条件下棉花的纤维整齐度及平均纤维长降低;棉花花铃期淹水深 5～10 cm,1～2 d 即可造成大量落花落蕾,长时间淹水或耕层滞水,常造成大面积死棵,严重影响棉花产量,甚至绝产。

因此,本书在计算农业脆弱性指数时选取大豆种植面积、花生种植面积、棉花种植面积作为农业脆弱性因子,并进行极大值标准化。

(二)农业脆弱性区划结果

将标准化后的农业脆弱性因子进行累加,得到溃涝农业脆弱性指数,其表达式为:

$$C_{农业} = \sum_{i=1}^{3} \lambda_i X_i \quad (i = 1, 2, 3) \tag{4.7}$$

式中,$C_{农业}$ 表示溃涝农业脆弱性指数,X_1、X_2、X_3 分别为大豆种植面积、花生种植面积、棉花种植面积;λ_1、λ_2、λ_3 为因子权重,$\lambda_1 = 0.539$,$\lambda_2 = 0.297$,$\lambda_3 = 0.164$。山东省溃涝农业脆弱性区划结果见图 4.11。

山东省溃涝农业脆弱性空间分布不均匀,具体表现为:高值区主要分布在济宁市、临沂市等地;菏泽市、泰安市、烟台市次之;低值区主要分布在聊城市、德州市、滨州市、淄博市、潍坊市、青岛市等地。

二、经济脆弱性区划

(一)经济脆弱性因子

农作物面积比例指该地区农作物面积占该地区全域面积的比例,农作物面积比例越大,经济脆弱性越大。人口密度越大,单位面积受灾人数越多,灾区需要各地调配的资源越多,同样情境下,人口密度越大,经济脆弱性越大。因此,本书在计算经济脆弱性指数时选取农作物面积比例和人口密度作为经济脆弱性因子,并进行极大值标准化。

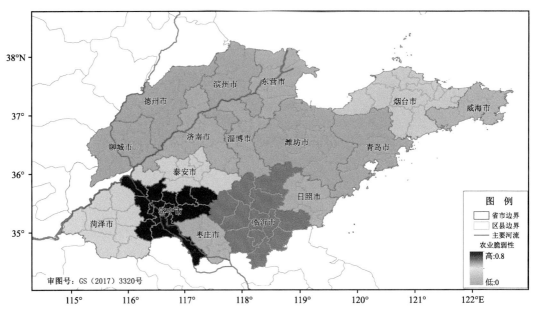

图 4.11 山东省渍涝农业脆弱性区划结果空间分布

(二)经济脆弱性区划结果

将标准化后的经济脆弱性因子进行累加,得到渍涝经济脆弱性指数,其表达式为:

$$C_{经济} = \sum_{i=1}^{2} \lambda_i X_i \quad (i = 1, 2) \tag{4.8}$$

式中,$C_{经济}$ 表示渍涝经济脆弱性指数,X_1、X_2 分别为农作物面积比例、人口密度;λ_1、λ_2 为因子权重,$\lambda_1 = 0.6$,$\lambda_2 = 0.4$。山东省渍涝经济脆弱性区划结果见图 4.12。

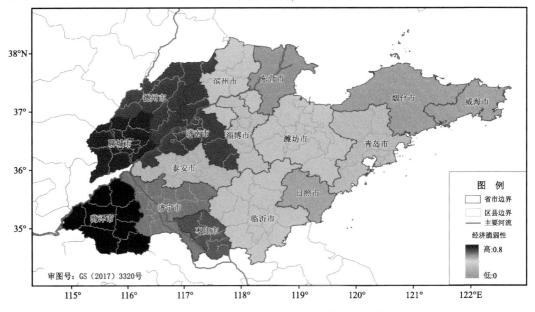

图 4.12 山东省渍涝经济脆弱性区划结果空间分布

山东省溃涝经济脆弱性大体上呈西部高、东部低的特点。高值区主要分布在菏泽市;在聊城市、德州市、济南市、济宁市及枣庄市次之;低值区主要分布在东营市、烟台市、威海市和日照市等地。

三、承灾体脆弱性区划结果

将影响溃涝的农业脆弱性和经济脆弱性指数进行累加,得到承灾体脆弱性指数,其表达式为:

$$C_{溃涝} = \sum_{i=1}^{2} \lambda_i X_i \quad (i = 1, 2) \tag{4.9}$$

式中,$C_{溃涝}$表示溃涝脆弱性指数,X_1、X_2分别为溃涝的农业脆弱性指数、经济脆弱性指数;λ_1、λ_2为因子权重,$\lambda_1 = 0.7$,$\lambda_2 = 0.3$。

根据公式(4.9)计算得到溃涝承灾体脆弱性指数,并采用自然分级法得到山东省溃涝承灾体脆弱性区划结果,见图4.13。

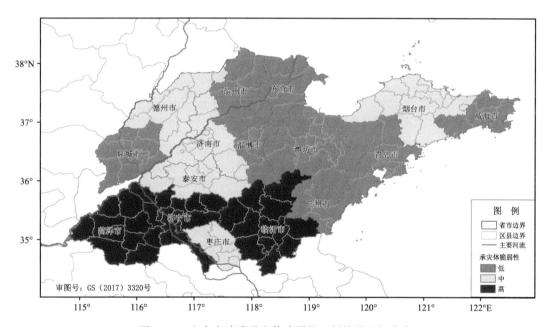

图 4.13　山东省溃涝承灾体脆弱性区划结果空间分布

山东省溃涝承灾体脆弱性呈现明显空间区域性差异,低、中、高脆弱区分别占到全区面积的44.3%、30%、25.7%。其中,菏泽市、济宁市、临沂市为高脆弱性最集中分布的区域;中脆弱区分布在德州市、济南市、泰安市、枣庄市、烟台市;低脆弱区主要分布在聊城市、滨州市、淄博市、潍坊市、青岛市、威海市等地。

第五节　防灾减灾能力区划

一、防灾减灾能力因子

水利设施越完善的地区,预防溃涝发生的能力和灾后恢复能力越强,防灾减灾能力也越强。人均GDP越高,可投入防灾减灾救灾建设方面的经费越高,防灾减灾能力越强。农民人均收入越高,可投入防灾减灾救灾建设方面的经费越高,加强应急队伍建设,确保灾害发生时及时传递预警消息,灾情信息也能及时收集回来,建立气象灾害多部门预警联动机制,防灾减灾能力也就越强。在校生人数越多,居民接受教育的程度越高,一旦有灾害即将发生或者已经发生时,对政府采取的预案要求等响应越快,民众防灾减灾知识储备充足,自救互救能力越强,防灾减灾能力越强。

因此,本书在计算防灾减灾指数时选取水利设施面积、人均GDP、农民人均收入、在校生人数作为防灾减灾能力因子,并进行极大值标准化。

二、防灾减灾能力区划结果

将影响渍涝防灾减灾能力关键因子进行累加,得到渍涝防灾减灾能力指数,其表达式为:

$$F = \sum_{i=1}^{4} \lambda_i X_i \quad (i = 1,2,3,4) \tag{4.10}$$

式中,F表示渍涝防灾减灾能力指数,X_1、X_2、X_3、X_4分别为水利设施面积、人均GDP、农民人均收入、在校生人数;λ_1、λ_2、λ_3、λ_4为因子权重,$\lambda_1 = 0.423$,$\lambda_2 = 0.271$,$\lambda_3 = 0.162$,$\lambda_4 = 0.144$。

根据公式(4.10)计算得到防灾减灾能力指数,并采用自然分级法得到山东省渍涝防灾减灾能力区划结果,见图4.14。

山东省渍涝灾害的防灾减灾能力空间分布差异性显著。其中,高防灾减灾能力地区主要分布在烟台市、青岛市、潍坊市、东营市、济南市、临沂市,占到全区面积的48.2%;中防灾减灾能力地区主要分布在威海市、济宁市、泰安市、淄博市、滨州市、德州市,占到全区面积的32.3%;低防灾减灾能力地区分布在聊城市、菏泽市、枣庄市、日照市,占到全区面积的19.5%。

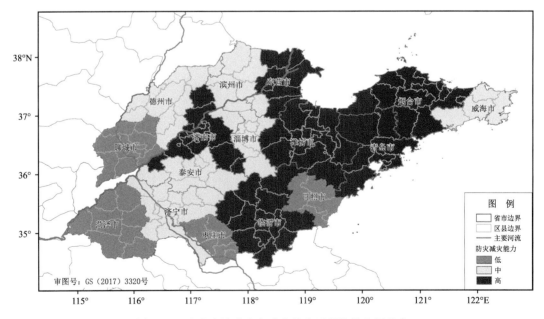

图4.14 山东省渍涝防灾减灾能力区划结果空间分布

第六节　综合风险区划

将标准化后的溃涝危险性、暴露性、脆弱性、防灾减灾能力指数进行叠加,其中危险性、暴露性、脆弱性采用极大值标准化,防灾减灾能力指数采用极小值标准化,构成溃涝综合风险指数,其表达式为:

$$I_{溃涝} = \sum_{i=1}^{4} \lambda_i X_i \qquad (i = 1,2,3,4) \tag{4.11}$$

式中,$I_{溃涝}$表示溃涝综合风险指数,X_1、X_2、X_3、X_4分别为溃涝危险性、暴露性、脆弱性和防灾减灾能力指数;λ_1、λ_2、λ_3、λ_4为因子权重,$\lambda_1 = 0.5$,$\lambda_2 = 0.167$,$\lambda_3 = 0.167$,$\lambda_4 = 0.167$。

根据公式(4.11)计算得到溃涝综合风险指数,并采用自然分级法得到山东省溃涝综合风险区划结果,见图4.15。

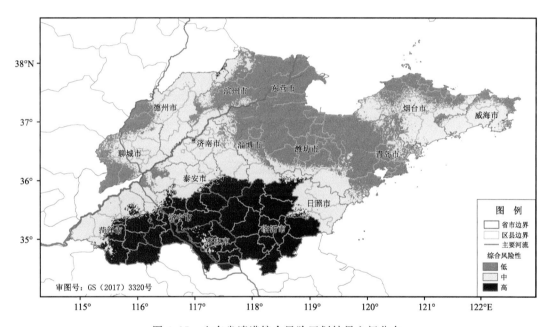

图 4.15　山东省溃涝综合风险区划结果空间分布

山东省溃涝综合风险性低、中、高风险区分别占到全区面积的 34.1%、41.1%、24.8%。其中,临沂市、济宁市、枣庄市、菏泽市为高风险性最集中分布的区域,其他高风险区零散分布在滨州市、济南市部分地区;低风险区主要分布在滨州市、东营市、潍坊市、青岛市、淄博市等地;中风险区主要分布在的济南市、泰安市、日照市、威海市、烟台市等地。

第五章 干热风风险区划

第一节 区划因子选择与权重确定

一、区划因子选择

干热风,又称"火风""热风""干风",是一种高温、低湿并伴有一定风力的农业灾害性天气。其风速在 2 m/s 或以上,气温在 30 ℃ 或以上,相对湿度在 30% 或以下,是北方麦产区的主要农业气象灾害之一。它使植株蒸腾加剧,体内水分平衡失调,叶片光合作用降低;高温又使植株体内物质输送受到破坏及原生蛋白质分解。北方小麦在乳熟中、后期遇干热风,将受严重影响,使粒重减轻产量下降。

表 5.1 干热风发生指标

5月上中旬最大过程降水量	时段为5月中下旬								
	轻度			中度			重度		
	日最高气温(℃)	14时空气相对湿度(%)	14时风速(m/s)	日最高气温(℃)	14时空气相对湿度(%)	14时风速(m/s)	日最高气温(℃)	14时空气相对湿度(%)	14时风速(m/s)
<25 mm	≥31	≤30	≥2	≥32	≤25	≥3	≥35	≤25	≥3
≥25 mm	≥33	≤30	≥3	≥35	≤25	≥3	≥36	≤25	≥3

本书根据表 5.1 给出的干热风等级指标计算不同程度干热风发生天数,并在此基础上,构建干热风灾害指数(R):

$$R = 0.2 D_1 + 0.3 D_m + 0.5 D_s \qquad (5.1)$$

式中,D_1 为 30 年轻度干热风灾害的平均天数,D_m 为 30 年中度干热风灾害的平均天数,D_s 为 30 年重度干热风灾害的平均天数。

本书基于山东省 1991—2020 年的气象台站观测数据及 2018—2020 年《山东省统计年鉴》资料,选择相关的气象因子和社会经济指标作为评价指标,采用趋势面分析、空间分析等方法得到各评价指标的空间分布图;通过层次分析方法、专家打分法等,获取各评价指标的权重。在此基础上,建立了致灾因子危险性指数、承灾体暴露性指数、承灾体脆弱性指数以及防灾减灾能力指数模型,并对干热风的致灾因子危险性、承灾体暴露性、承灾体脆弱性以及防灾减灾能力进行了评估和区划。进而采用综合指数构建方法,将致灾因子危险性指数、承灾体暴露性指数、承灾体脆弱性指数以及防灾减灾能力指数进行综合,构建了干热风风险指数模型,并对干热风风险进行了评估和区划。具体为:选取干热风指数 R 为气象因子危险性评价指标;选择坡向、海拔高度、坡度、河网密度、土地利用类型为孕灾环境敏感性指标;选取农作物播种面积、总 GDP、总人口数、行政区面积为承灾体暴露性指标;选取小麦种植面积、农作物面积比例、人口密度作为承灾体脆弱性评价指标;选取人均 GDP、农民人均收入、受教育程度作为防灾减灾能力评价指标(需要说明的是,由《山东省统计年鉴》中部分指标数据有限,因此,采用其他指标进行代替,本书中采用在校生人数代替受教育程度)。

二、因子权重

本书构建危险性指数、暴露性指数、脆弱性指数和防灾减灾能力指数,以及灾害综合区划指数时,采用层次分析法(AHP)赋予不同因子权重,计算过程如下。

以孕灾环境敏感性为例,采用 AHP 赋予不同因子权重,计算过程如下。

第一步:构建判断矩阵。

根据干热风孕灾环境敏感性对干热风的影响,坡向是干热风能否产生的关键指标,严重影响干热风。因此,坡向指标最重要,依次为海拔高度、坡度、河网密度和土地利用类型,将坡向赋值为 1,其中海拔高度相对坡度、河网密度、土地利用类型稍为重要,赋值为 2,坡度和河网密度赋值为 3,土地利用类型赋值为 4。构成判别矩阵:

$$
\begin{array}{c|ccccc}
 & \text{I} & \text{II} & \text{III} & \text{IV} & \text{V} \\
\hline
\text{I} & 1 & 2 & 3 & 3 & 4 \\
\text{II} & 1/2 & 1 & 2 & 2 & 3 \\
\text{III} & 1/3 & 1/2 & 1 & 1 & 2 \\
\text{IV} & 1/3 & 1/2 & 1 & 1 & 2 \\
\text{V} & 1/4 & 1/3 & 1/2 & 1/2 & 1 \\
\end{array}
$$

注:矩阵中,I.坡向,II.海拔高度,III.坡度,IV.河网密度,V.土地利用类型。

第二步:将判断矩阵归一化。

根据和积法,将判断矩阵归一化。过程为将每一列中的每一个数除以这一列的总和,得到标准化矩阵:

$$
\begin{array}{c|ccccc}
 & \text{I} & \text{II} & \text{III} & \text{IV} & \text{V} \\
\hline
\text{I} & 0.413 & 0.462 & 0.4 & 0.4 & 0.333 \\
\text{II} & 0.207 & 0.231 & 0.267 & 0.267 & 0.25 \\
\text{III} & 0.138 & 0.115 & 0.134 & 0.134 & 0.167 \\
\text{IV} & 0.138 & 0.115 & 0.134 & 0.134 & 0.167 \\
\text{V} & 0.103 & 0.077 & 0.067 & 0.067 & 0.083 \\
\end{array}
$$

第三步:计算各因子权重。

将新矩阵求和列数据加和,数值为 5,将求和列中每个数除以 5,即得到各因子的权重。如坡向,其权重为 0.402,其他各因子权重如矩阵:

$$\begin{bmatrix} & \text{I} & \text{II} & \text{III} & \text{IV} & \text{V} & \text{求和} & \text{权重} \\ \text{I} & 0.414 & 0.462 & 0.4 & 0.4 & 0.333 & 2.01 & 0.402 \\ \text{II} & 0.207 & 0.231 & 0.267 & 0.267 & 0.25 & 1.22 & 0.244 \\ \text{III} & 0.138 & 0.115 & 0.133 & 0.133 & 0.167 & 0.687 & 0.137 \\ \text{IV} & 0.138 & 0.115 & 0.133 & 0.133 & 0.167 & 0.687 & 0.137 \\ \text{V} & 0.103 & 0.077 & 0.067 & 0.067 & 0.083 & 0.397 & 0.079 \end{bmatrix}$$

第四步:判断矩阵一致性检验。

将判断矩阵每一行与对应因子的权重相乘后求和,求出干热风孕灾环境敏感性因子的 AW 值。基于公式(1.10),计算最大特征根 $\lambda_{max}=5.033$,查找平均随机一致性指标表 1.2 对应的 RI=1.12,基于公式(1.11)计算一致性指标 CI=0.008,CR=CI/RI,CR=0.007(CR<0.10),通过检验。因此,确定坡向、海拔高度、坡度、河网密度和土地利用类型 5 个因子的权重分别为 0.402、0.244、0.137、0.137、0.079。

$$\begin{bmatrix} & \text{I} & \text{II} & \text{III} & \text{IV} & \text{V} & \text{权重} & AW \\ \text{I} & 0.414 & 0.462 & 0.4 & 0.4 & 0.333 & 0.402 & 2.03 \\ \text{II} & 0.207 & 0.231 & 0.267 & 0.267 & 0.25 & 0.244 & 1.23 \\ \text{III} & 0.138 & 0.115 & 0.133 & 0.133 & 0.167 & 0.137 & 0.689 \\ \text{IV} & 0.138 & 0.115 & 0.133 & 0.133 & 0.167 & 0.137 & 0.689 \\ \text{V} & 0.103 & 0.077 & 0.067 & 0.067 & 0.083 & 0.079 & 0.399 \end{bmatrix}$$

同理,干热风防灾减灾能力判断矩阵如下表,计算权重过程同上。

$$\begin{bmatrix} & \text{I} & \text{II} & \text{III} \\ \text{I} & 1 & 2 & 3 \\ \text{II} & 1/2 & 1 & 2 \\ \text{III} & 1/3 & 1/2 & 1 \end{bmatrix}$$

注:矩阵中,I. 在校生人数,II. 农民人均收入,III. 人均 GDP。

同理,干热风灾害综合风险性区划因子判断矩阵如下表,计算权重过程同上。

$$\begin{bmatrix} & \text{I} & \text{II} & \text{III} & \text{IV} \\ \text{I} & 1 & 3 & 3 & 3 \\ \text{II} & 1/3 & 1 & 1 & 1 \\ \text{III} & 1/3 & 1 & 1 & 1 \\ \text{IV} & 1/3 & 1 & 1 & 1 \end{bmatrix}$$

注:矩阵中,I. 致灾因子危险性,II. 承灾体暴露性,III. 承灾体脆弱性,IV. 防灾减灾能力。

最后,干热风灾害风险区划因子的权重如下。

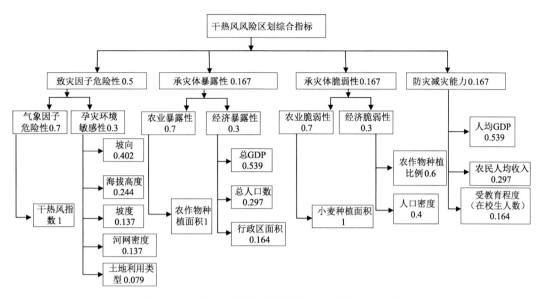

图 5.1　山东省干热风风险评价指标系统及权重值

第二节　致灾因子危险性区划

一、气象因子危险性区划

(一)气象因子危险性空间分布

干热风指数越大,气象因子危险性越强。因此,本书在计算危险性指数时将干热风指数进行极大值标准化,山东省干热风指数空间分布如图 5.2 所示。

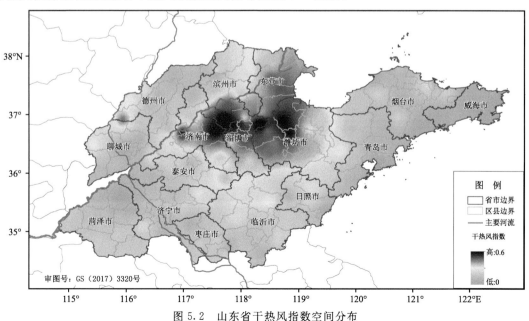

图 5.2　山东省干热风指数空间分布

山东省干热风指数整体上呈现北部高、南部低的分布特点。具体表现为:高值区分布在济南市、淄博市、潍坊市、东营市,最高值为 0.6;低值区主要分布在威海市、烟台市、青岛市等大部分地区,最低值为 0。

(二)气象因子危险性区划结果

干热风气象因子危险性指数表达式为:

$$Q = \sum_{i=1}^{1} \lambda_i X_i \quad (i = 1) \tag{5.2}$$

式中,Q 表示干热风气象因子危险性指数,X_1 为干热风指数;λ_1 为因子权重,$\lambda_1 = 1$。

山东省干热风气象因子危险性区划见图 5.3。山东省干热风气象因子危险性空间分布同干热风指数空间分布相同,具体表现为:高值区分布在济南市、淄博市、潍坊市、东营市;低值区主要分布在威海市、烟台市、青岛市等大部分地区。

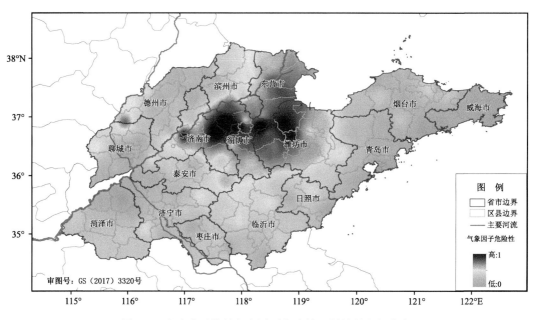

图 5.3　山东省干热风气象因子危险性区划结果空间分布

二、孕灾环境敏感性区划

(一)孕灾环境敏感性因子

坡向对干热风的影响至关重要,山东省夏季盛行东南季风,季风带来丰富水汽。南坡降水高于北坡,一般越靠近南向的坡,降水量越大,越不易发生干热风灾害;过山气流在背风坡下沉温度升高、湿度降低,从而变得干热;因此根据不同坡向发生干热风灾害的难易程度对坡向打分,如表 5.2 所示。

表 5.2　坡向分级及分值

坡向	西北	西	北	东	东北	无坡	南	西南	东南
分值(分)	8	7	6	5	4	3	2	1	0

海拔高度作为重要的地形因子,对干热风的发生有重要影响,海拔高度越高,干热风发生的概率越小。坡度是地表单元陡缓的程度,坡度是干热风的重要孕灾环境敏感性因子之一,坡度越小,对干热风减弱的程度越小,发生干热风可能性越大,越有利于干热风的形成。河网密度会改变区域小气候,河网密度越大的地区,空气湿度越大,发生干热风时的频率越低。

此外,不同土地利用类型对于风速的减缓作用具有一定的差异,从而影响干热风的形成,未利用地面积越大,越有利于干热风的形成;因此将土地利用类型打分,如表5.3所示。

表5.3 土地利用类型分值

土地利用类型	耕地	林地	草地	水域	建设用地	未利用地
分值(分)	3	2	4	1	5	6

因此,在计算干热风灾害环境敏感性指数时将坡向和土地利用类型进行极大值标准化,坡度、海拔高度、河网密度进行极小值标准化。

(二)孕灾环境敏感性区划结果

将标准化后的坡向、海拔高度、坡度、河网密度、土地利用类型进行叠加,得到干热风孕灾环境敏感性指数模型,其表达式为:

$$Y = \sum_{i=1}^{5} \lambda_i X_i \quad (i = 1, 2, \cdots, 5) \tag{5.3}$$

式中,Y 表示干热风孕灾环境敏感性指数,X_1、X_2、X_3、X_4、X_5 分别为坡向、海拔高度、坡度、河网密度、土地利用类型;λ_1、λ_2、λ_3、λ_4、λ_5 为因子权重,$\lambda_1 = 0.402$,$\lambda_2 = 0.244$,$\lambda_3 = 0.137$,$\lambda_4 = 0.137$,$\lambda_5 = 0.079$。

山东省干热风孕灾环境敏感性区划结果见图5.4。

山东省干热风孕灾环境敏感性空间异质性较强,空间分布并不均匀,绝大部分地区敏感性较低,低值区和中值区交替分布。

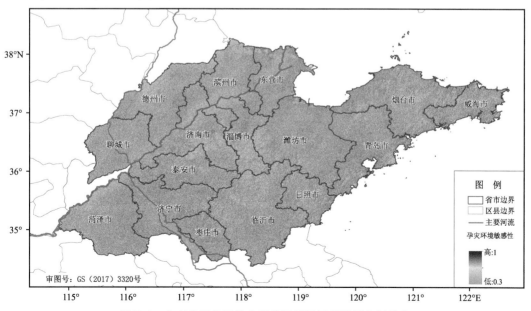

图5.4 山东省干热风孕灾环境敏感性区划结果空间分布

三、致灾因子危险性区划结果

将干热风气象因子危险性和孕灾环境敏感性进行累加,得到致灾因子危险性指数,其表达式为:

$$W_{干热风} = \sum_{i=1}^{2} \lambda_i X_i \quad (i = 1,2) \tag{5.4}$$

式中,$W_{干热风}$表示干热风危险性指数,X_1、X_2分别为干热风气象危险性、孕灾环境敏感性;λ_1、λ_2为因子权重,$\lambda_1 = 0.7$,$\lambda_2 = 0.3$。

根据公式(5.4)计算得到致灾因子危险性指数,并采用自然分级法得到山东省干热风致灾因子危险性区划结果,见图5.5。

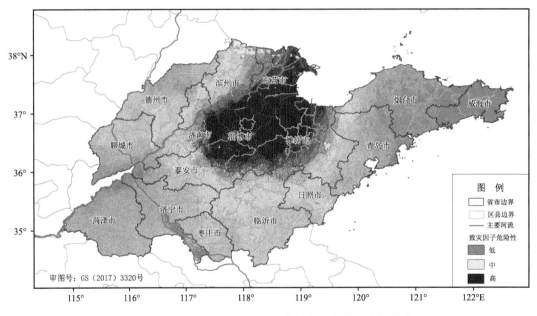

图5.5　山东省干热风致灾因子危险性区划结果空间分布

山东省干热风致灾因子危险性大体上呈现北高南低的特点,低、中、高危险区面积分别占全省面积的37.3%、42.1%、20.6%。其中,东营市、济南市、淄博市、潍坊市等地为高危险性集中分布的区域;低危险性主要分布在烟台市、威海市、青岛市等大部分地区;中危险性广泛分布在其他各市县。

第三节　承灾体暴露性区划

一、农业暴露性区划

(一)农业暴露性因子

干热风对于农作物有着很大的影响,农作物播种面积越大,暴露性越大。因此,本书在计算农业暴露性指数时选取农作物播种面积作为农业暴露性因子,并将此因子进行极大值标准化。

(二)农业暴露性区划结果

将影响干热风的农业暴露性因子进行累加,得到农业暴露性指数,其表达式为:

$$B_{农业} = \sum_{i=1}^{1} \lambda_i X_i \quad (i=1) \tag{5.5}$$

式中,$B_{农业}$表示干热风农业暴露性指数,X_1为农作物播种面积;λ_1为因子权重,$\lambda_1 = 1$。干热风农业暴露性区划结果见图 5.6。

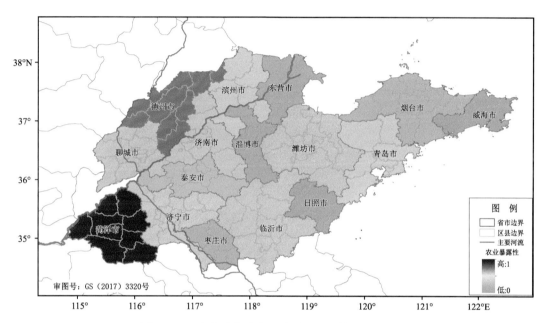

图 5.6　山东省干热风农业暴露性区划结果空间分布

山东省农业暴露性高值区位于菏泽市、德州市等地;聊城市、济宁市、临沂市、潍坊市等地次之;低值区分布在东营市、淄博市、日照市、威海市等地。

二、经济暴露性区划

(一)经济暴露性因子

总 GDP 越高,总人口数越多,灾害发生时,经济暴露性越强。行政区面积越大,灾害发生时,区域灾害危害程度空间分异越大,灾情破坏程度的信息越复杂,经济暴露性越强。

因此,本书在计算经济暴露性指数时选取总 GDP、总人口数、行政区面积作为经济暴露性因子,并进行极大值标准化。

(二)经济暴露性区划

将标准化后的总 GDP、总人口数、行政区面积进行叠加,得到干热风经济暴露性指数模型,其表达式为:

$$B_{经济} = \sum_{i=1}^{3} \lambda_i X_i \quad (i = 1, 2, 3) \tag{5.6}$$

式中，$B_{经济}$表示干热风经济暴露性指数，X_1、X_2、X_3分别为总GDP、总人口数、行政区面积；λ_1、λ_2、λ_3为因子权重，$\lambda_1 = 0.539$，$\lambda_2 = 0.297$，$\lambda_3 = 0.164$。山东省经济暴露性区划结果见图 5.7。

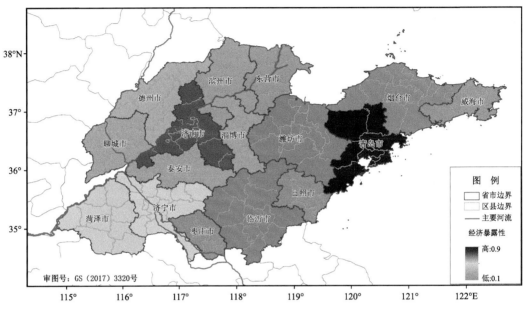

图 5.7　山东省干热风经济暴露性区划结果空间分布

山东省干热风经济暴露性空间分布不一致，高值区主要分布在青岛市、烟台市、潍坊市、临沂市和济南市；菏泽市、济宁市次之；低值区主要分布在威海市、滨州市、东营市、枣庄市、日照市等地。

三、承灾体暴露性区划结果

将干热风农业暴露性和经济暴露性指数进行累加，得到承灾体暴露性指数，其表达式为：

$$B = \sum_{i=1}^{2} \lambda_i X_i \quad (i = 1, 2) \tag{5.7}$$

式中，B表示干热风承灾体暴露性指数，X_1、X_2分别为农业暴露性指数、经济暴露性指数；λ_1、λ_2为因子权重，$\lambda_1 = 0.7$，$\lambda_2 = 0.3$。

根据公式(5.7)计算得到承灾体暴露性指数，并采用自然分级法得到山东省干热风承灾体暴露性区划结果，见图 5.8。

山东省干热风承灾体暴露性整体上表现出南高北低的特点，山东省低、中、高暴露性区分别占到全省面积的 24.4%、39.8%、35.8%。其中，菏泽市、济宁市、临沂市及潍坊市为高暴露性地区；中暴露性地区主要分布在聊城市、德州市、泰安市、济南市、青岛市和烟台市；低暴露性地区主要分布在东营市、滨州市、淄博市、枣庄市、日照市和威海市。

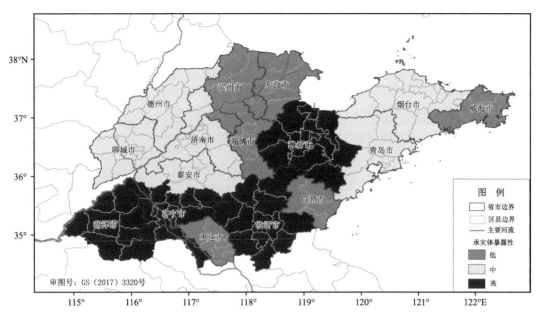

图 5.8　山东省干热风承灾体暴露性区划结果空间分布

第四节　承灾体脆弱性区划

一、农业脆弱性区划

(一)农业脆弱性因子

已有研究表明,干热风能够破坏小麦的水分平衡和光合作用,严重威胁小麦后期生长,对小麦的千粒重和产量影响较大,所以小麦种植面积越大,农业脆弱性越强。因此,本书在计算农业脆弱性时选取小麦种植面积作为农业脆弱性因子,并进行极大值标准化。

(二)农业脆弱性区划结果

将干热风的农业脆弱性因子进行累加,得到农业脆弱性指数,其表达式为:

$$C_{干热风农业} = \sum_{i=1}^{1} \lambda_i X_i \quad (i=1) \tag{5.8}$$

式中,$C_{干热风农业}$ 表示干热风农业脆弱性指数,X_1 为小麦种植面积;λ_1 为因子权重,$\lambda_1 = 1$。山东省干热风农业脆弱性区划结果见图 5.9。

山东省干热风农业脆弱性高值区分布在菏泽市、德州市、聊城市;济宁市、潍坊市、临沂市等地次之;低值区分布在烟台市、威海市、东营市、淄博市等地。

二、经济脆弱性区划

(一)经济脆弱性因子

农作物面积比例指该地区农作物种植面积占该地区全域面积的比例,农作物面积比例越

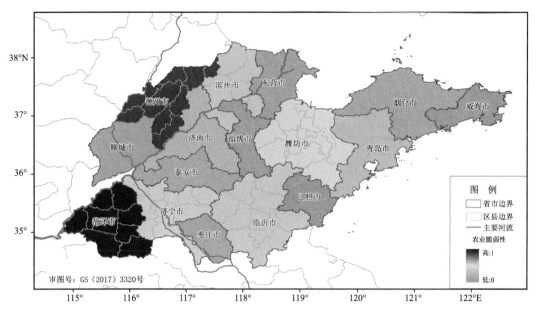

图 5.9　山东省干热风农业脆弱性区划结果空间分布

大,经济脆弱性越大。人口密度越大,单位面积受灾人数越多,灾区需要各地调配的资源越多,经济脆弱性越大。因此,本书在计算经济脆弱性指数时选取农作物面积比例和人口密度作为经济脆弱性因子,并进行极大值标准化。

（二）经济脆弱性区划结果

将标准化后的农作物面积比例、人口密度进行叠加,得到干热风经济脆弱性指数模型,其表达式为:

$$C_{经济} = \sum_{i=1}^{2} \lambda_i X_i \qquad (i=1,2) \tag{5.9}$$

式中,$C_{经济}$ 表示干热风经济脆弱性指数,X_1、X_2 分别为农作物面积比例、人口密度;λ_1、λ_2 为因子权重,$\lambda_1 = 0.6$,$\lambda_2 = 0.4$。山东省干热风经济脆弱性区划结果见图 5.10。

山东省干热风经济脆弱性大体上呈西部高、东部低的特点。高值区主要分布在菏泽市;次高值区分布在聊城市、德州市、济南市、济宁市及枣庄市;低值区主要分布在烟台市、东营市、威海市和日照市等地。

三、承灾体脆弱性区划结果

将干热风农业脆弱性和经济脆弱性指数进行累加,得到承灾体脆弱性指数,其表达式为:

$$C_{干热风农业} = \sum_{i=1}^{2} \lambda_i X_i \quad (i=1,2) \tag{5.10}$$

式中,$C_{干热风}$ 表示干热风脆弱性指数,X_1、X_2 分别为农业脆弱性指数、经济脆弱性指数;λ_1、λ_2 为因子权重,$\lambda_1 = 0.7$,$\lambda_2 = 0.3$。

根据公式(5.10)计算得到干热风承灾体脆弱性指数,并采用自然分级法得到山东省干热风承灾体脆弱性区划结果,见图 5.11。

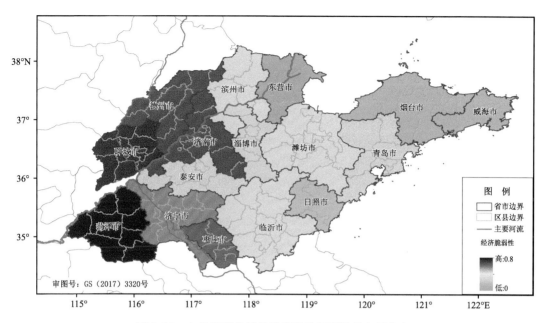

图 5.10　山东省干热风经济脆弱性区划结果空间分布

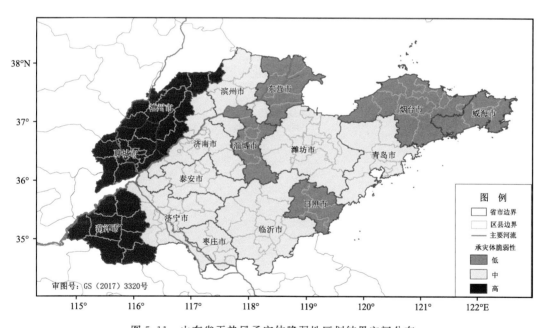

图 5.11　山东省干热风承灾体脆弱性区划结果空间分布

山东省干热风承灾体脆弱性整体上表现出由西向东减小的趋势,低、中、高脆弱性区域分别占全省面积的 24.3％、55.7％、20.0％。其中,菏泽市、聊城市及德州市为高脆弱性集中分布的区域;低脆弱性地区主要分布在东营市、淄博市、日照市、烟台市和威海市;其他地区为中脆弱性。

第五节 防灾减灾能力区划

一、防灾减灾能力因子

人均 GDP 越高,可投入防灾减灾救灾建设方面的经费越高,民众储备必要的科学常识和自救知识比例越高,对组织民众进行灾害演练、模拟灾害现场、积累实战经验等措施配合程度也越高,防灾减灾能力越强。农民人均收入高的地区,该地区防灾减灾能力较强,即使发生严重的自然灾害,依靠灾前、灾中及灾后的一系列措施,最终也会有效减小灾害。居民在校生人数越高,一旦有灾害即将发生或者已经发生时,对政府采取的预案要求等响应越快,民众防灾减灾知识储备充足,自救互救能力较强,防灾减灾能力越强。

因此,本书在计算防灾减灾能力指数时选取人均 GDP、农民人均收入、在校生人数作为防灾减灾能力因子,并进行极大值标准化。

二、防灾减灾能力区划结果

将标准化后的人均 GDP、农民人均收入、在校生人数进行叠加,得到防灾减灾能力指数模型,其表达式为:

$$F = \sum_{i=1}^{3} \lambda_i X_i \quad (i = 1, 2, 3) \tag{5.11}$$

式中,F 表示干热风防灾减灾能力指数,X_1、X_2、X_3 分别为人均 GDP、农民人均收入、在校生人数;λ_1、λ_2、λ_3 为因子权重,$\lambda_1 = 0.539$,$\lambda_2 = 0.297$,$\lambda_3 = 0.164$。

根据公式(5.11)计算得到防灾减灾能力指数,并采用自然分级法得到山东省干热风防灾减灾能力区划结果,见图 5.12。

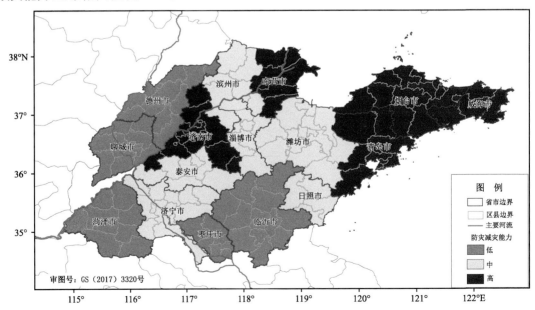

图 5.12 山东省干热风防灾减灾能力区划结果空间分布

山东省干热风灾害的防灾减灾能力空间分布差异明显,山东省低、中、高防灾减灾能力区分别占到全省面积的 33.7％、35.5％、30.8％。其中,高防灾减灾能力地区主要分布在济南市、东营市、青岛市、烟台市和威海市;中防灾减灾能力地区主要分布在滨州市、淄博市、泰安市、潍坊市、日照市及济宁市;低防灾减灾能力地区分布在聊城市、德州市、菏泽市、枣庄市和临沂市。

第六节　综合风险区划

将标准化后的干热风危险性、暴露性、脆弱性、防灾减灾能力指数进行叠加,其中危险性、暴露性、脆弱性采用极大值标准化,防灾减灾能力指数采用极小值标准化,构成干热风综合风险指数,其表达式为:

$$I_{干热风} = \sum_{i=1}^{4} \lambda_i X_i \quad (i = 1, 2, 3, 4) \tag{5.12}$$

式中,$I_{干热风}$ 表示干热风综合风险指数,X_1、X_2、X_3、X_4 分别为干热风危险性、暴露性、脆弱性、防灾减灾能力指数;λ_1、λ_2、λ_3、λ_4 为因子权重,$\lambda_1 = 0.5$,$\lambda_2 = 0.167$,$\lambda_3 = 0.167$,$\lambda_4 = 0.167$。

根据公式(5.12)计算得到干热风综合风险指数,并采用自然分级法得到山东省干热风综合风险区划结果,见图 5.13。

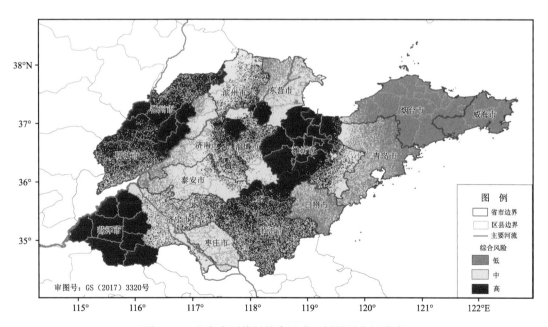

图 5.13　山东省干热风综合风险区划结果空间分布

山东省干热风综合风险性空间分布差异性较大,低、中、高风险区分别占到全省面积的 22.4％、37.0％、40.6％。其中,菏泽市、临沂市、潍坊市、聊城市、德州市为高风险区;中风险区主要分布在中部部分地区;低风险区主要分布在青岛市、威海市及烟台市等地。

第六章 霜冻风险区划

第一节 区划因子选择与权重确定

一、区划因子选择

霜冻,是一种较为常见的农业气象灾害,是指空气温度突然下降,地表温度骤降到 0 ℃以下,使农作物受到损害,甚至死亡。霜冻多在春秋转换季节,按霜冻出现季节,可分为春霜冻(晚霜冻)和秋霜冻(早霜冻),春霜冻统计时段为 3—5 月,秋霜冻为 10—11 月。春霜冻影响小麦、果树开花等;秋霜冻主要影响棉花、露天蔬菜。当气温下降至 3 ℃时,就会发生严重的霜冻灾害,受冻后农作物的叶片会变得枯黄,影响作物的光合作用,营养物质会大量流失,严重影响作物的生长发育,从而对农作物的品质和质量造成一定的影响。若霜冻出现时,农作物已经能够成熟并收获,此时霜冻再严重,也不会对农作物造成损失。

霜冻的界定标准以日最低气温为划分指标,如表 6.1 所示。

表 6.1 霜冻灾害指标

霜冻程度	轻霜冻害	中霜冻害	重霜冻害
日最低气温(℃)	0~2	−2~0	−4~−2

在此基础上,构建霜冻灾害指数(R):

$$R = 0.2 D_1 + 0.3 D_m + 0.5 D_s \tag{6.1}$$

式中,D_1 为 30 年轻度霜冻害的平均天数,D_m 为 30 年中度霜冻害的平均天数,D_s 为 30 年重度霜冻害的平均天数,单位均为 d。

本书基于山东省 1991—2020 年的气象台站观测数据及 2018—2020 年《山东省统计年鉴》资料,选择相关的气象因子和社会经济指标作为评价指标,采用趋势面分析、空间分析等方法得到各评价指标的空间分布图;通过层次分析方法、专家打分法等,获取各评价指标的权重。在此基础上,建立了致灾因子危险性指数、承灾体暴露性指数、承灾体脆弱性指数以及防灾减灾能力指数模型,并对霜冻的致灾因子危险性、承灾体暴露性、承灾体脆弱性以及防灾减灾能力进行了评估和区划。进而采用综合指数构建方法,将致灾因子危险性指数、承灾体暴露性指数、承灾体脆弱性指数以及防灾减灾能力指数进行综合,构建霜冻风险指数模型,并对霜冻风险进行了评估和区划。具体为:选取霜冻指数(R)为气象因子危险性评价指标;选择坡向、坡度、河网密度为孕灾环境敏感性指标;选取农作物播种面积、经济作物面积、总 GDP、总人口数、行政区面积为承灾体暴露性指标;选取小麦种植面积、果园面积、蔬菜种植面积、棉花种植面积、农作物面积比例、人口密度作为承灾体脆弱性评价指标;选取人均 GDP、农民人均收入、受教育程度作为防灾减灾能力评价指标(需要说明的是,由于年鉴中部分指标数据有限,因此采用其他指标进行代替,本书中采用在校生人数代替受教育程度)。

二、因子权重

本书构建危险性指数、暴露性指数、脆弱性指数和防灾减灾能力指数,以及灾害综合区划指数时,采用层次分析法(AHP)赋予不同因子权重,计算过程如下。

以孕灾环境敏感性为例,采用层次分析法(AHP)赋予不同因子权重,计算过程如下。

第一步:构建判断矩阵。

根据霜冻孕灾环境敏感性对霜冻的影响,坡向是霜冻能否产生的关键指标,严重影响霜冻。因此,坡向指标最重要,依次为坡度和河网密度,将坡向赋值为1,坡度赋值为2,河网密度赋值为3。构成判别矩阵:

$$\begin{bmatrix} & Ⅰ & Ⅱ & Ⅲ \\ Ⅰ & 1 & 2 & 3 \\ Ⅱ & 1/2 & 1 & 2 \\ Ⅲ & 1/3 & 1/2 & 1 \end{bmatrix}$$

注:矩阵中,Ⅰ. 坡向,Ⅱ. 坡度,Ⅲ. 河网密度。

第二步:将判断矩阵归一化。

根据和积法,将判断矩阵归一化。过程为将每一列中的每一个数除以这一列的总和,得到标准化矩阵:

$$\begin{bmatrix} & Ⅰ & Ⅱ & Ⅲ \\ Ⅰ & 0.545 & 0.571 & 0.500 \\ Ⅱ & 0.273 & 0.286 & 0.333 \\ Ⅲ & 0.182 & 0.143 & 0.167 \end{bmatrix}$$

第三步:计算各因子权重。

将新矩阵求和列数据加和,数值为3,将求和列中每个数除以3,即得到各因子的权重。如坡向,其权重为0.539,其他各因子权重如矩阵:

$$\begin{bmatrix} & Ⅰ & Ⅱ & Ⅲ & 求和 & 权重 \\ Ⅰ & 0.545 & 0.571 & 0.500 & 1.617 & 0.539 \\ Ⅱ & 0.273 & 0.286 & 0.333 & 0.892 & 0.297 \\ Ⅲ & 0.182 & 0.143 & 0.167 & 0.491 & 0.164 \end{bmatrix}$$

第四步:判断矩阵一致性检验。

将判断矩阵每一行与对应因子的权重相乘后求和,求出霜冻孕灾环境敏感性因子的 AW 值。基于公式(1.10)计算最大特征根 $\lambda_{max}=3.009$,查找平均随机一致性指标表1.2对应的 RI=0.58,基于公式(1.11)计算一致性指标 CI=0.005,CR=CI/RI,CR=0.008(CR<0.10)<0.10,通过检验。因此,确定为坡度、坡向、河网密度3个因子的权重分别为0.539、0.297、0.164。

$$\begin{bmatrix} & Ⅰ & Ⅱ & Ⅲ & 权重 & AW \\ Ⅰ & 0.545 & 0.571 & 0.500 & 0.539 & 1.625 \\ Ⅱ & 0.273 & 0.286 & 0.333 & 0.297 & 0.894 \\ Ⅲ & 0.182 & 0.143 & 0.167 & 0.164 & 0.492 \end{bmatrix}$$

同理,春霜冻防灾减灾能力判断矩阵如下表,计算权重过程同上。

$$
\begin{array}{c|ccc}
 & \text{I} & \text{II} & \text{III} \\
\hline
\text{I} & 1 & 2 & 3 \\
\text{II} & 1/2 & 1 & 2 \\
\text{III} & 1/3 & 1/2 & 1
\end{array}
$$

注:矩阵中,I. 人均 GDP,II. 农民人均收入,III. 在校生人数。

同理,霜冻灾害综合风险性区划因子判断矩阵如下表,计算权重过程同上。

$$
\begin{array}{c|cccc}
 & \text{I} & \text{II} & \text{III} & \text{IV} \\
\hline
\text{I} & 1 & 3 & 3 & 3 \\
\text{II} & 1/3 & 1 & 1 & 1 \\
\text{III} & 1/3 & 1 & 1 & 1 \\
\text{IV} & 1/3 & 1 & 1 & 1
\end{array}
$$

注:矩阵中,I. 致灾因子危险性,II. 承灾体暴露性,III. 承灾体脆弱性,IV. 防灾减灾能力。

最后,春季、秋季霜冻灾害风险区划因子的权重如下。

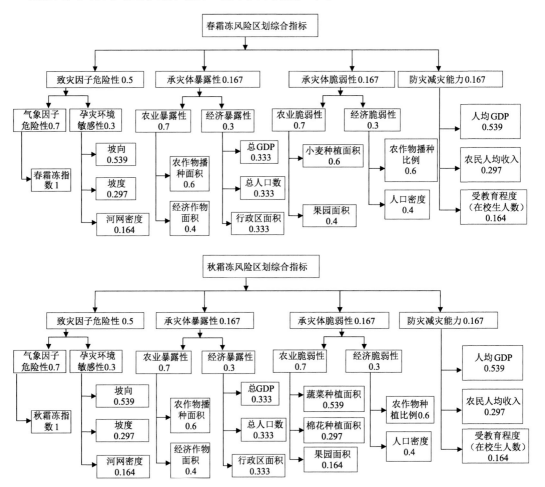

图 6.1　山东省霜冻风险评价指标系统及权重值

第二节　致灾因子危险性区划

一、气象因子危险性区划

(一)气象因子危险性空间分布

基于不同程度霜冻灾害等级指标,统计近30年春、秋两季轻、中、重霜冻害的平均天数,并通过公式(6.1)计算得出霜冻指数,作为霜冻灾害危险性的气象因子。

1. 春霜冻指数

山东省春霜冻指数空间分布如图6.2所示。

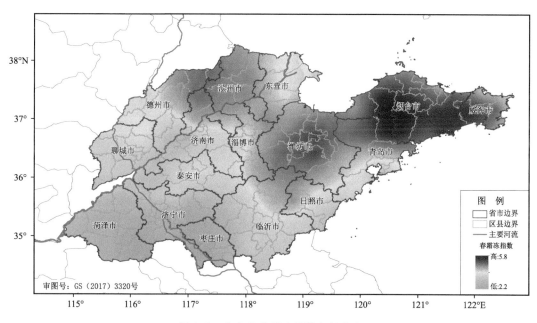

图6.2　山东省春霜冻指数空间分布

山东省春霜冻指数整体上表现出自东北向西南逐渐递减的趋势。具体表现为:高值区主要分布在烟台市、威海市、滨州市以及潍坊市等地,最高值为5.8;低值区主要分布在菏泽市、济宁市、枣庄市等地,最低值为2.2。

2. 秋霜冻指数

山东省秋霜冻指数空间分布如图6.3所示。

山东省秋霜冻指数整体上表现出自西北向东南逐渐递减的趋势。具体表现为:滨州市、聊城市、德州市、潍坊市等地为高值区,最高值为4.9;威海市、枣庄市、青岛市等地的部分地区为低值区,最低值为1.4。

(二)气象因子危险性区划结果

霜冻指数越高发生霜冻灾害的危险性越大,因此,本书在计算危险性指数时将霜冻指数进行极大值标准化,霜冻气象因子危险性指数表达式为:

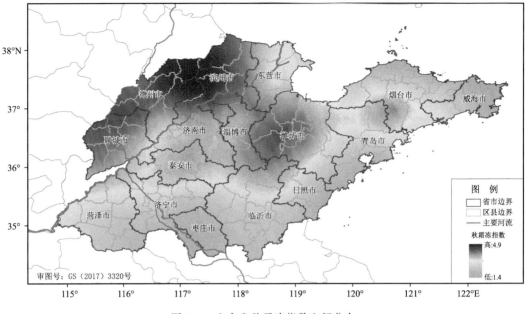

图 6.3 山东省秋霜冻指数空间分布

$$Q = \sum_{i=1}^{1} \lambda_i X_i \quad (i = 1) \tag{6.2}$$

式中，Q 表示霜冻气象因子危险性指数，X_1 为霜冻指数；λ_1 为因子权重，$\lambda_1 = 1$。

1. 春霜冻气象因子危险性

山东省春霜冻气象因子危险性区划见图 6.4。山东省春霜冻气象因子危险性空间分布总体上表现出由东北向西南逐渐递减的趋势。具体表现为：高值区主要分布在烟台市、威海市、滨州市以及潍坊市等地；低值区主要分布在菏泽市、济宁市、枣庄市等地。

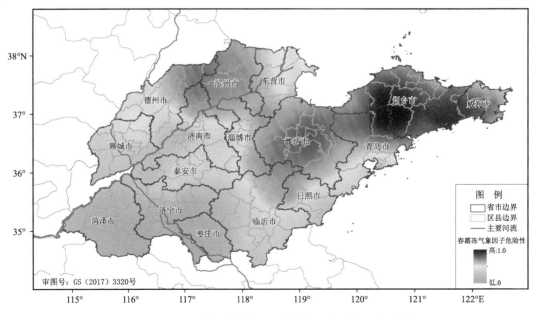

图 6.4 山东省春霜冻气象因子危险性区划结果空间分布

2. 秋霜冻气象因子危险性

山东省秋霜冻气象因子危险性区划见图6.5。山东省秋霜冻气象因子危险性整体表现为由西北向东南逐渐递减的分布特征。具体表现为:滨州市、聊城市、德州市、潍坊市等地为高值区;威海市、枣庄市、青岛市等地的部分地区为低值区。

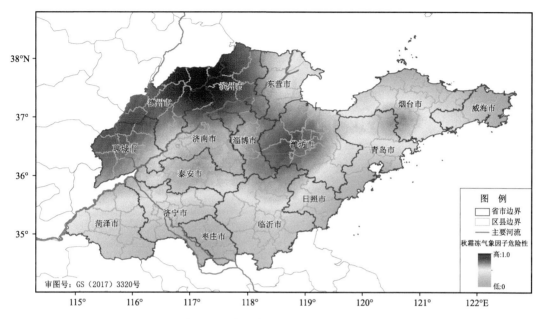

图6.5 山东省秋霜冻气象因子危险性区划结果空间分布

二、孕灾环境敏感性区划

(一)孕灾环境敏感性因子

坡向的改变可引起水热再分配,南坡接收太阳热量高于北坡,一般越靠近南向的坡或无坡,水热条件越好,越不易发生霜冻灾害,将坡向赋予分值(表6.2),并在计算环境敏感性指数时将此因子进行极大值标准化。

表6.2 坡向分级及分值

坡向	北	东北	西北	东	西	无坡	东南	西南	正南
分值(分)	1	2	3	4	5	6	7	8	9

坡度可以有效阻挡冷空气的移动,并堆积冷空气形成霜冻,因此,坡度越高越有利于霜冻的形成。本书在计算环境敏感性指数时将此因子进行极大值标准化。

河网密度会改变区域小气候。河网密度越大的地区,空气湿度越大,发生霜冻时对农作物产生的破坏作用越强。本书在计算环境敏感性指数时将此因子进行极小值标准化。

(二)孕灾环境敏感性区划结果

将标准化后的坡向、坡度、河网密度进行叠加,构建孕灾环境敏感性指数模型,其表达式为:

$$Y = \sum_{i=1}^{3} \lambda_i X_i \quad (i = 1, 2, 3) \tag{6.3}$$

式中,Y 表示霜冻孕灾环境敏感性指数,X_1、X_2、X_3 分别为坡向、坡度、河网密度;λ_1、λ_2、λ_3 为因子权重,$\lambda_1 = 0.539$,$\lambda_2 = 0.297$,$\lambda_3 = 0.164$。

山东省霜冻孕灾环境敏感性区划结果见图 6.6。

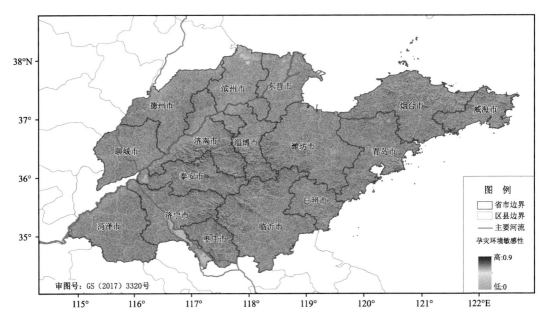

图 6.6　山东省霜冻孕灾环境敏感性区划结果空间分布

山东省霜冻孕灾环境敏感性空间异质性较强,空间分布并不均匀,绝大部分地区敏感性较低,低值区和中值区交替分布。

三、致灾因子危险性区划结果

将不同季节霜冻灾害气象因子危险性和孕灾环境敏感性进行叠加,得到致灾因子危险性指数,其表达式为:

$$W_{霜冻} = \sum_{i=1}^{2} \lambda_i X_i \quad (i = 1, 2) \tag{6.4}$$

式中,$W_{霜冻}$ 表示霜冻危险性指数,X_1、X_2 分别为影响霜冻的气象因子危险性指数、孕灾环境敏感性指数;λ_1、λ_2 为因子权重,$\lambda_1 = 0.7$,$\lambda_2 = 0.3$。

根据公式(6.4)计算得到致灾因子危险性指数,并采用自然分级法得到山东省不同季节霜冻致灾因子危险性区划结果。

(一)春霜冻致灾因子危险性

山东省春霜冻致灾因子危险性区划结果见图 6.7。山东省春霜冻致灾因子危险性大体上呈现西北高、东南低的特点,低、中、高危险区分别占全省面积的 27.7%、40.3%、32.0%。其中滨州市、潍坊市、烟台市、威海市以及青岛市北部等地为高危险性集中分布的区域;低危险性主要分布在菏泽市、济宁市、枣庄市等地;其他各市县多为中危险性。

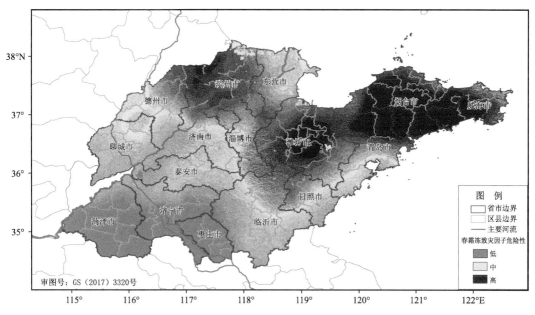

图 6.7　山东省春霜冻致灾因子危险性区划结果空间分布

（二）秋霜冻致灾因子危险性

山东省秋霜冻致灾因子危险性区划结果见图 6.8。山东省秋霜冻致灾因子危险性大体上呈现西北高、东南低的趋势,低、中、高危险区分别占全省面积的 26.4%、43.1%、30.5%。其中,滨州市、德州市、聊城市、潍坊市等地大部分区域为高危险性分布的区域;低危险性分布主要集中在鲁南大部及半岛部分地区;其他地区为中危险性。

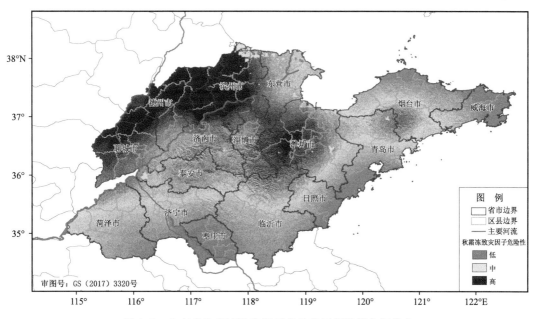

图 6.8　山东省秋霜冻致灾因子危险性区划结果空间分布

第三节　承灾体暴露性区划

一、农业暴露性区划

(一)农业暴露性因子

霜冻导致气温降低,从而使作物的某些器官受到损伤,使农作物因受冻害而不能生长,影响农作物的生长发育,农作物的品质严重降低,严重时农作物不能生长,甚至绝产。尤其是经济作物受到冻害后,会对产量和经济价值造成较大影响。

本书在计算农业暴露性指数时选取农作物播种面积和经济作物种植面积作为农业暴露性因子,并进行极大值标准化。

(二)农业暴露性区划结果

将标准化后的农作物播种面积、经济作物面积进行叠加,得到农业暴露性指数模型,其表达式为:

$$B_{农业} = \sum_{i=1}^{2} \lambda_i X_i \quad (i = 1, 2) \tag{6.5}$$

式中,$B_{农业}$表示霜冻农业暴露性指数,X_1、X_2分别为农作物播种面积、经济作物面积;λ_1、λ_2为因子权重,$\lambda_1 = 0.6$,$\lambda_2 = 0.4$。

山东省霜冻农业暴露性区划结果见图6.9。山东省农业暴露性空间差异显著。具体表现为:高值区主要分布在菏泽市、临沂市、潍坊市;次高值区主要分布在聊城市、德州市、济宁市;低值区主要分布在淄博市、东营市、威海市、日照市等地。

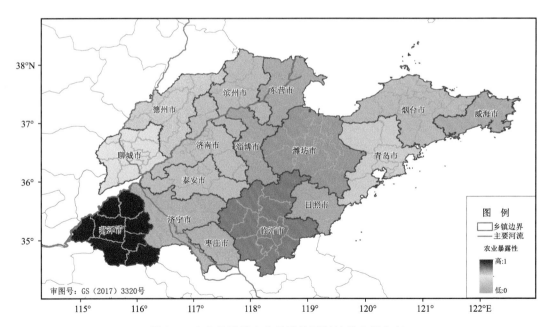

图 6.9　山东省霜冻农业暴露性区划结果空间分布

二、经济暴露性区划

（一）经济暴露性因子

总 GDP 越高，总人口数越多，霜冻发生时，经济暴露性越强。行政区面积越大，灾害发生时，区域灾害危害程度空间分异越大，灾情破坏程度的信息越复杂，行政区面积越大，经济暴露性越强。因此，本书在计算经济暴露性指数时选取总 GDP、总人口、行政区面积作为经济暴露性因子，并进行极大值标准化。

（二）经济暴露性区划结果

将标准化后的总 GDP、总人口数、行政区面积进行叠加，得到经济暴露性指数模型，其表达式为：

$$B_{经济} = \sum_{i=1}^{3} \lambda_i X_i \quad (i=1,2,3) \tag{6.6}$$

式中，$B_{经济}$ 表示霜冻经济暴露性指数，X_1、X_2、X_3 分别为总 GDP、总人口数、行政区面积；λ_1、λ_2、λ_3 为因子权重，$\lambda_1 = 0.333$，$\lambda_2 = 0.333$，$\lambda_3 = 0.333$。

山东省霜冻经济暴露性综合风险区划结果见图 6.10。山东省霜冻经济暴露性高值区主要分布在青岛市、烟台市、潍坊市、临沂市、济南市；次高值区分布在菏泽市和济宁市；低值区主要分布在东营市、威海市、枣庄市、日照市等地。

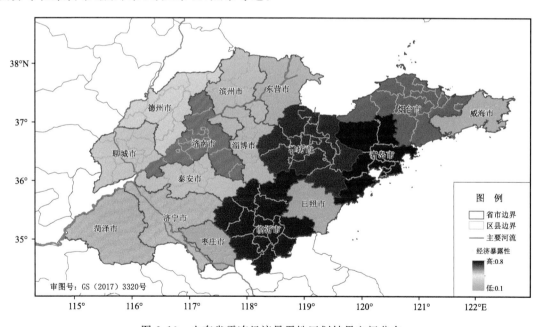

图 6.10　山东省霜冻经济暴露性区划结果空间分布

三、承灾体暴露性区划结果

将霜冻农业暴露性和经济暴露性指数进行累加，得到承灾体暴露性指数，其表达式为：

$$B = \sum_{i=1}^{2} \lambda_i X_i \quad (i=1,2) \tag{6.7}$$

式中,B 表示霜冻暴露性指数,X_1、X_2 分别为农业暴露性指数、经济暴露性指数;λ_1、λ_2 为因子权重,$\lambda_1=0.7$,$\lambda_2=0.3$。

根据公式(6.7)计算得到承灾体暴露性指数,并采用自然分级法得到山东省霜冻承灾体暴露性区划结果,见图 6.11。

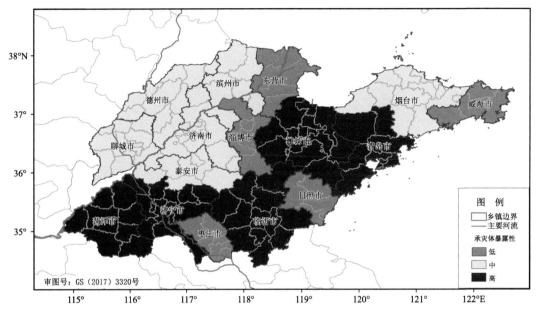

图 6.11 山东省霜冻承灾体暴露性区划结果空间分布

山东省霜冻承灾体暴露性各市有所不同,低、中、高暴露性地区分别占全省面积的 18.3%、38.8%、42.9%。其中,高暴露性主要分布在菏泽市、济宁市、临沂市、潍坊市、青岛市;中暴露性分布在聊城市、德州市、滨州市、济南市、泰安市和烟台市;低暴露性区域主要在东营市、淄博市、枣庄市、日照市以及威海市。

第四节 承灾体脆弱性区划

一、农业脆弱性区划

(一)农业脆弱性因子

1.春霜冻农业脆弱性因子

春霜冻灾害多发生在小麦拔节至抽穗期间,冷空气突然入侵或地表骤然辐射冷却,土壤表面、植物表面温度降到 0 ℃以下,可造成麦苗霜冻害或死亡。霜冻对果树的伤害很大,容易发生的部位主要在枝干、皮层和花芽,可造成树皮变色,严重时逐渐腐烂或出现主干木质部裂纹,全枝或整株死亡;受冻枝干皮层下陷或开裂,内部由褐变黑,组织死亡,严重时大枝条也相继死亡;花芽遭受冻害,可使得内部组织变褐,花器发育迟缓或出现畸形,影响授粉和结果。

因此,本书在计算农业脆弱性指数时选取小麦种植面积和果园面积作为春霜冻农业脆弱性因子,并进行极大值标准化。

2. 秋霜冻农业脆弱性因子

秋季霜冻一般发生在秋末,霜冻灾害会造成作物细胞间隙的水形成冰晶,并继续夺取细胞中的水分,冰晶逐渐扩大,因此不仅消耗了细胞水分,而且引起原生质脱水使原生质胶体变质,从而使细胞脱水引起危害;同时,破坏细胞膜和原生质的结构,影响细胞代谢过程。霜冻会使青菜局部伤害,造成落花、落叶,失去食用价值或全株死亡。秋霜冻出现早的年份,造成棉花霜后花数量增加,使棉花产量和品质受到极大的影响。秋霜冻还会对一些生长结果较晚的果树形成危害,使叶片和枝梢枯死,果实不能充分成熟,进而影响果实品质和产量。因此,本书在计算农业脆弱性指数时,选取蔬菜种植面积、棉花种植面积和果园面积作为秋霜冻农业脆弱性因子,并进行极大值标准化。

(二)农业脆弱性区划结果

1. 春霜冻农业脆弱性

将标准化后的小麦播种面积、果园面积进行叠加,得到春霜冻农业脆弱性指数,其表达式为:

$$C_{\text{春霜冻农业}} = \sum_{i=1}^{2} \lambda_i X_i \quad (i=1,2) \tag{6.8}$$

式中,$C_{\text{春霜冻农业}}$ 表示霜冻农业脆弱性指数,X_1、X_2 分别为小麦种植面积、果园面积;λ_1、λ_2 为因子权重,$\lambda_1=0.6$,$\lambda_2=0.4$。

山东省春霜冻农业脆弱性区划结果见图 6.12。山东省春霜冻农业脆弱性高值区分布在菏泽市;次高值区分布在德州市、烟台市、临沂市、聊城市等地;低值区分布在东营市、淄博市、日照市、威海市等地。

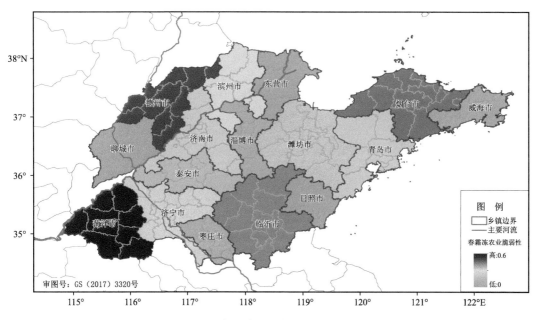

图 6.12 山东省春霜冻农业脆弱性区划结果空间分布

2. 秋霜冻农业脆弱性

将标准化后的蔬菜种植面积、棉花种植面积、果园面积值进行叠加,得到秋霜冻农业脆弱性指数模型,其表达式为:

$$C_{秋霜冻农业} = \sum_{i=1}^{3} \lambda_i X_i \quad (i=1,2,3) \tag{6.9}$$

式中,$C_{秋霜冻农业}$ 表示霜冻农业脆弱性指数,X_1、X_2、X_3 分别为蔬菜种植面积、棉花种植面积、果园面积;λ_1、λ_2、λ_3 为因子权重,$\lambda_1 = 0.539$,$\lambda_2 = 0.297$,$\lambda_3 = 0.164$。

山东省秋霜冻农业脆弱性区划结果见图 6.13。山东省秋霜冻农业脆弱性高值区位于菏泽市、济宁市、潍坊市;次高值区位于临沂市、聊城市等地;秋霜冻农业脆弱性低值区主要分布在东营市、滨州市、淄博市、威海市、日照市等地。

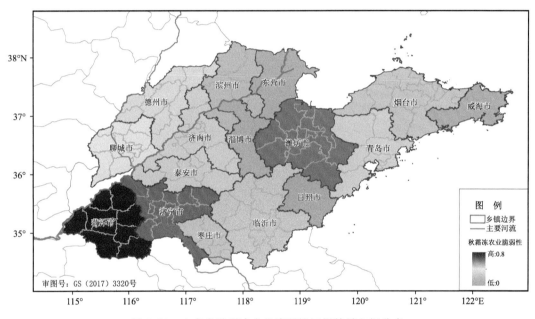

图 6.13 山东省秋霜冻农业脆弱性区划结果空间分布

二、经济脆弱性区划

(一)经济脆弱性因子

农作物面积比例指该地区农作物面积占该地区全域面积的比例,农作物面积比例越大该地区依靠农业生产活动的人越多,经济脆弱性越大。人口密度越大,单位面积受灾人数越多,灾区需要各地调配的资源越多,经济脆弱性越大。因此,本书在计算经济脆弱性指数时选取农作物面积比例和人口密度作为经济脆弱性因子,并进行极大值标准化。

(二)经济脆弱性区划结果

将标准化后的农作物面积比例、人口密度进行叠加,得到霜冻经济脆弱性指数,其表达式为:

$$C_{经济} = \sum_{i=1}^{2} \lambda_i X_i \quad (i = 1,2) \tag{6.10}$$

式中，$C_{经济}$表示霜冻经济脆弱性指数，X_1、X_2分别为农作物面积比例、人口密度；λ_1、λ_2为因子权重，$\lambda_1 = 0.6$，$\lambda_2 = 0.4$。

山东省霜冻经济脆弱性区划结果见图6.14。山东省霜冻经济脆弱性大体上呈西部高、东部低的特点。高值区主要分布在菏泽市；次高值区分布在聊城市、德州市、济南市、济宁市及枣庄市等地；低值区主要分布在烟台市、东营市、威海市和日照市等地。

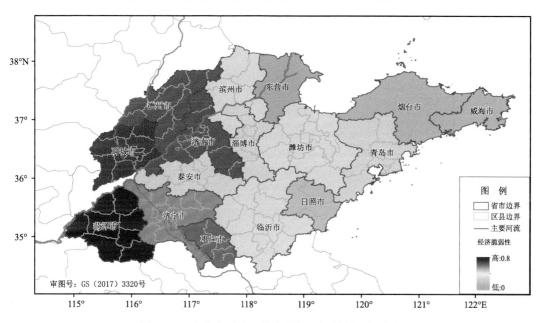

图6.14 山东省霜冻经济脆弱性区划结果空间分布

三、承灾体脆弱性区划结果

将霜冻农业脆弱性和经济脆弱性指数进行累加，得到承灾体脆弱性指数，其表达式为：

$$C_{霜冻} = \sum_{i=1}^{2} \lambda_i X_i \quad (i = 1,2) \tag{6.11}$$

式中，$C_{霜冻}$表示霜冻承灾体脆弱性指数，X_1、X_2分别为农业脆弱性指数、经济脆弱性指数；λ_1、λ_2为因子权重，$\lambda_1 = 0.7$，$\lambda_2 = 0.3$。

根据公式(6.11)计算得到霜冻承灾体脆弱性指数，并采用自然分级法得到山东省不同季节霜冻承灾体脆弱性区划结果。

（一）春霜冻承灾体脆弱性

山东省春霜冻承灾体脆弱性区划结果见图6.15。山东省春霜冻承灾体脆弱性呈现明显的空间区域性差异，低、中、高脆弱性区域分别占全省面积的15.4%、34.7%、49.9%。其中，德州市、聊城市、菏泽市、潍坊市、临沂市及烟台市为高脆弱性集中分布的区域；中脆弱性位于滨州市、济南市、泰安市、济宁市、枣庄市和青岛市；低脆弱性分布区域较小，主要位于东营市、淄博市、威海市、日照市。

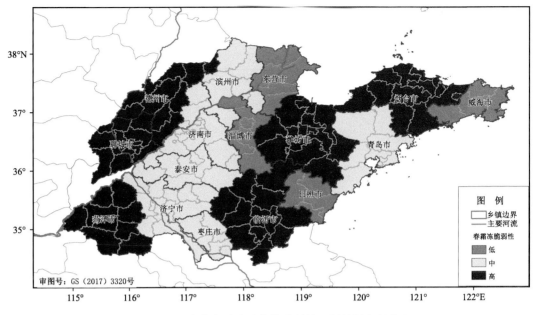

图 6.15　山东省春霜冻承灾体脆弱性区划结果空间分布

（二）秋霜冻承灾体脆弱性

山东省秋霜冻承灾体脆弱性区划结果见图 6.16。山东省秋霜冻承灾体脆弱性空间差异性显著,低、中、高脆弱性区域分别占全省面积的 24.3%、27.6%、48.1%。其中,德州市、聊城市、菏泽市、潍坊市、临沂市及济宁市为高脆弱性集中分布的区域;中脆弱性分布区域位于滨州市、济南市、泰安市、枣庄市和青岛市;低脆弱性分布区域较小,主要位于东营市、淄博市、威海市、日照市和烟台市。

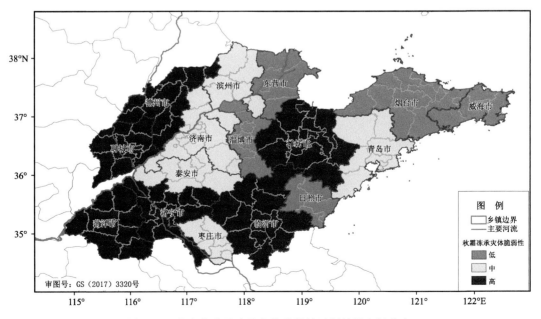

图 6.16　山东省秋霜冻承灾体脆弱性区划结果空间分布

第五节　防灾减灾能力区划

一、防灾减灾能力因子

人均 GDP 越高,可投入防灾减灾救灾建设方面的经费越高,对组织民众进行灾害演练、模拟灾害现场、积累实战经验等措施配合程度也越高,防灾减灾能力越强。农民人均收入高的地区,该地区防灾减灾能力较强,即使发生严重的自然灾害,依靠灾前、灾中及灾后的一系列措施,最终也会有效减小灾害。居民在校生人数越高,一旦有灾害即将发生或者已经发生时,对政府采取的预案要求等响应越快,民众防灾减灾知识储备充足,自救互救能力较强,防灾减灾能力越强。因此,本书在计算防灾减灾指数时选取人均 GDP、农民人均收入、在校生人数作为防灾减灾能力因子,并进行极大值标准化。

二、防灾减灾能力区划结果

将标准化后的人均 GDP、农民人均收入、在校生人数进行叠加加,得到防灾减灾能力指数,其表达式为:

$$F = \sum_{i=1}^{3} \lambda_i X_i \quad (i = 1, 2, 3) \tag{6.12}$$

式中,F 表示霜冻防灾减灾能力指数,X_1、X_2、X_3 分别为人均 GDP、农民人均收入、在校生人数;λ_1、λ_2、λ_3 为因子权重,$\lambda_1 = 0.539$,$\lambda_2 = 0.297$,$\lambda_3 = 0.164$。

根据公式(6.12)计算得到防灾减灾能力指数,并采用自然分级法得到山东省霜冻防灾减灾能力区划结果,见图 6.17。山东省霜冻防灾减灾能力具有明显的空间差异性,大部分地区防灾减灾能力较强,低、中、高防灾减灾能力地区分别占全省面积的 33.7%、35.5%、30.8%。

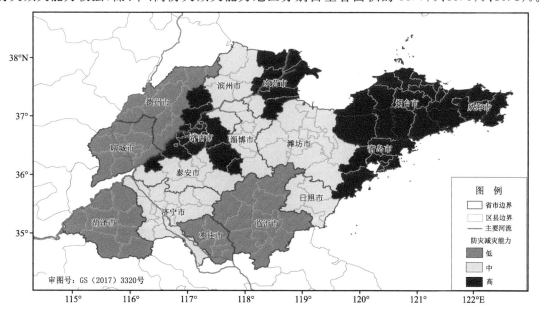

图 6.17　山东省霜冻防灾减灾能力区划结果空间分布

其中,高防灾减灾能力地区主要分布在威海市、烟台市、青岛市、济南市、东营市;中防灾减灾能力地区主要分布在滨州市、淄博市、潍坊市、泰安市、济宁市、日照市;低防灾减灾能力地区主要分布在德州市、聊城市、菏泽市、枣庄市及临沂市。

第六节 综合风险区划

将标准化后的霜冻危险性、暴露性、脆弱性、防灾减灾能力指数进行叠加,其中危险性、暴露性、脆弱性采用极大值标准化,防灾减灾能力指数采用极小值标准化,构成霜冻综合风险指数,其表达式为:

$$I_{霜冻} = \sum_{i=1}^{4} \lambda_i X_i \quad (i = 1,2,3,4) \tag{6.13}$$

式中,$I_{霜冻}$表示霜冻综合风险指数,X_1、X_2、X_3、X_4分别为霜冻危险性、暴露性、脆弱性、防灾减灾能力指数;λ_1、λ_2、λ_3、λ_4为因子权重,$\lambda_1=0.5$,$\lambda_2=0.167$,$\lambda_3=0.167$,$\lambda_4=0.167$。

根据公式(6.13)计算得到霜冻综合风险指数,并采用自然分级法得到山东省霜冻综合风险区划结果。

一、春霜冻综合风险区划

山东省春霜冻综合风险区划结果见图6.18。

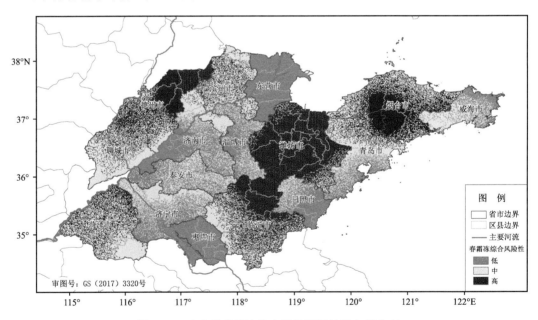

图6.18 山东省春霜冻综合风险区划结果空间分布

山东省春霜冻综合风险区划空间差异性较大,山东省低、中、高风险分别占到全省面积的26.8%、38.1%、35.1%。其中,德州市、潍坊市、临沂市及烟台市大部分地区为高风险性最集中分布的区域,其他高风险地区零散分布在聊城市、菏泽市、滨州市;低风险区域分布在东营市、枣庄市、日照市等地;全省大部分地区均有中风险区域。

二、秋霜冻综合风险区划

山东省秋霜冻综合风险区划结果见图 6.19。

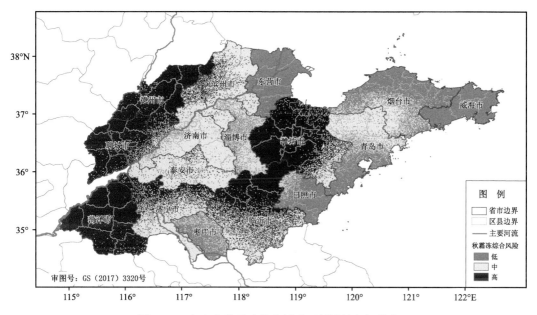

图 6.19 山东省秋霜冻综合风险区划结果空间分布

山东省秋霜冻综合风险区划空间分布差异性较大,山东省低、中、高风险分别占到全省面积的 24.8%、35.7%、39.5%。其中,菏泽市、聊城市、德州市以及潍坊市大部分地区为高风险性最集中分布的区域,其他高风险地区零散分布在滨州市、临沂市、济宁市等地;低风险区域分布在威海市、烟台市、东营市、枣庄市、日照市等地;全省大部分地区均有中风险区域。

第七章　连阴天风险区划

第一节　区划因子选择与权重确定

一、区划因子选择

连阴天,即连续数日天空基本上为云层遮蔽。一般以连续 3 d 日照时数小于 3 h 的天气现象称为连阴天。连阴天是山东省主要农业气象灾害之一。连阴天危害程度随连阴天持续时间加长而加重,其中,日照时数是关键指标。连阴天发生具有较强的随机性,对农作物的生长发育极为不利,易造成植物叶绿素的形成受到阻碍,继而影响光合作用,导致植株细弱、黄化,影响开花、授粉等,最终造成产量降低、品质下降。

此外,连阴天对设施农业生产也十分不利。山东设施农业多以非加温型日光温室为主,受外界气象条件影响较大,抵御不利气象条件能力较弱。连阴天是设施农业生产中遇到的主要灾害性天气之一,一般会导致设施内光照和蓄热不足,造成作物光合能力下降、生长发育受阻及产量下降和品质降低等,在气候变化加剧、极端气候事件频发的背景下,问题显得更加突出。因此,研究连阴天灾害区划对设施农业生产管理具有重要意义。

本书基于山东省 1991—2020 年的自动气象站观测数据及 2018—2020 年《山东省统计年鉴》资料,选择相关的气象因子和社会经济指标作为评价指标,采用趋势面分析、空间分析等方法得到评价指标的空间分布图;通过层次分析方法、专家打分法等,获取各评价指标的权重。在此基础上,建立了致灾因子危险性指数、承灾体暴露性指数、承灾体脆弱性指数以及防灾减灾能力指数模型,对不同月份连阴天的致灾因子危险性、承灾体暴露性、承灾体脆弱性以及防灾减灾能力进行了评估和区划。进而采用综合指数构建方法,将致灾因子危险性指数、承灾体暴露性指数、承灾体脆弱性指数以及防灾减灾能力指数进行综合,构建了连阴天综合风险指数模型,并对连阴天综合风险进行了评估和区划。具体为:选取连阴天发生频率、单次连阴天过程的平均持续日数及连阴天过程的总日数为气象因子危险性评价指标;选择海拔高度、河网密度和土地利用类型为孕灾环境敏感性指标。选取农作物播种面积、经济作物面积、总 GDP、总人口数、行政区面积为承灾体暴露性指标;山东省农业类型及种植作物种类繁多,一般设施农业主要生产季集中在 11 月至次年 4 月,大田以小麦、玉米、棉花、花生、大豆为主,其中棉花、花生多于 4 月开始播种,9 月花生基本收获完成,10 月棉花停止生长;小麦一般于 10 月开始播种,次年 6 月收获晾晒;玉米、大豆一般 6 月播种,10 月收获。连阴天对设施作物生长,大田作物播种出苗、灌浆成熟,棉花裂铃吐絮等有不利影响。因此,根据不同月份对不同作物影响的差异性,选取了农业脆弱性指标,其中 1 月、2 月、3 月、11 月、12 月选取设施面积为农业脆弱性指标;4 月为设施面积、花生种植面积;5 月为小麦种植面积;6 月为小麦种植面积、玉米种植面积和大豆种植面积;7 月、8 月为棉花种植面积;9 月为棉花种植面积、玉米种植面积、大豆种植面积、花生种植面积;10 月为设施面积、棉花种植面积、大豆种植面积、小麦种植面积指标。选取死亡率、农村人均用电量作为经济脆弱性指标;选取人均 GDP、农民人均收入、受教育程度、化肥投入量作为防灾减灾能力评价指标(需要说明的是,由于年鉴中指标数据有限,因此,采用其他指标进行代替,本书中采用农用塑料薄膜使用量代替设施面积,在校生人数代替受教育程度)。

二、因子权重

本书构建危险性指数、暴露性指数、脆弱性指数和防灾减灾能力指数,以及灾害综合区划指数时,采用层次分析法(AHP)赋予不同因子权重,以气象因子危险性为例,计算过程如下。

第一步:构建判断矩阵。

根据连阴天气象各因子的影响程度,构建危险性判断矩阵。由于连阴天发生频率、单次连阴天过程的平均持续日数及连阴天过程的总日数都是影响连阴天危险性的关键指标,三者同等重要,因此,将连阴天发生频率、单次连阴天过程的平均持续日数及连阴天过程的总日数 3 个指标均赋值为 1。构成判别矩阵:

$$
\begin{array}{c|ccc}
 & \text{I} & \text{II} & \text{III} \\
\hline
\text{I} & 1 & 1 & 1 \\
\text{II} & 1 & 1 & 1 \\
\text{III} & 1 & 1 & 1
\end{array}
$$

注:矩阵中,Ⅰ. 连阴天发生频率,Ⅱ. 单次连阴天过程的持续日数,Ⅲ. 连阴天过程的总日数

第二步:将判断矩阵归一化。

根据和积法,将判断矩阵归一化。过程为将每一列中的每一个数除以这一列的总和,得到标准化矩阵:

$$
\begin{array}{c|ccc}
 & \text{I} & \text{II} & \text{III} \\
\hline
\text{I} & 0.333 & 0.333 & 0.333 \\
\text{II} & 0.333 & 0.333 & 0.333 \\
\text{III} & 0.333 & 0.333 & 0.333
\end{array}
$$

第三步:计算各因子权重。

将新矩阵求和,列数据加和,数值为 3,将求和列中每个数除以 3,即得到各因子的权重。如发生频率,其权重为 0.333,其他各因子权重如矩阵:

$$
\begin{array}{c|ccccc}
 & \text{I} & \text{II} & \text{III} & \text{求和} & \text{权重} \\
\hline
\text{I} & 0.333 & 0.333 & 0.333 & 1 & 0.333 \\
\text{II} & 0.333 & 0.333 & 0.333 & 1 & 0.333 \\
\text{III} & 0.333 & 0.333 & 0.333 & 1 & 0.333
\end{array}
$$

第四步:判断矩阵一致性检验。

将判断矩阵每一行与对应因子的权重相乘后求和,求出连阴天气象因子危险性因子的 AW 值。基于公式(1.10),计算最大特征根 $\lambda_{\max}=3$,查找平均随机一致性指标表 1.2 对应的 $RI=0.58$,基于公式(1.11)计算一致性指标 $CI=0.005$,$CR=CI/RI$,$CR=0.008(CR<0.10)$,

通过检验。因此,确定为连阴天发生频率、连阴天发生的单次持续日数及连阴天过程的总日数 3 个因子的权重分别为 0.333、0.333、0.333。

$$\begin{bmatrix} & \text{I} & \text{II} & \text{III} & \text{权重} & AW \\ \text{I} & 0.333 & 0.333 & 0.333 & 0.333 & 1 \\ \text{II} & 0.333 & 0.333 & 0.333 & 0.333 & 1 \\ \text{III} & 0.333 & 0.333 & 0.333 & 0.333 & 1 \end{bmatrix}$$

最后,12 个月连阴天灾害风险区划因子的权重如下(1 月、2 月、3 月、11 月、12 月选取指标相同,7 月、8 月选取指标相同)。

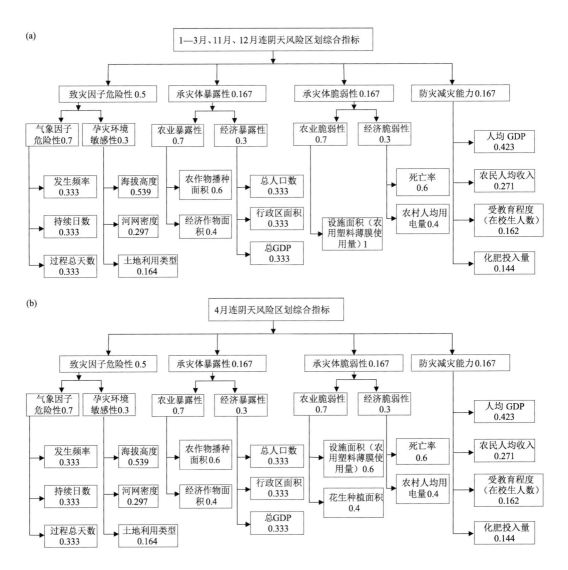

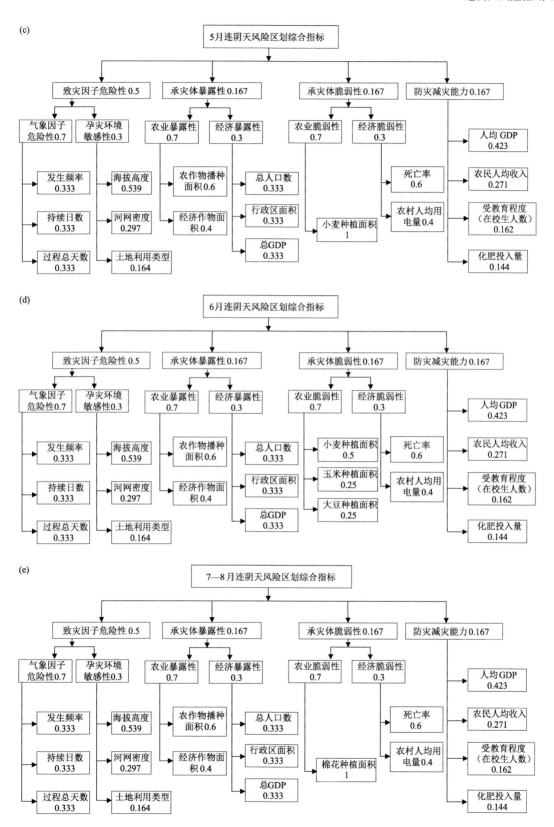

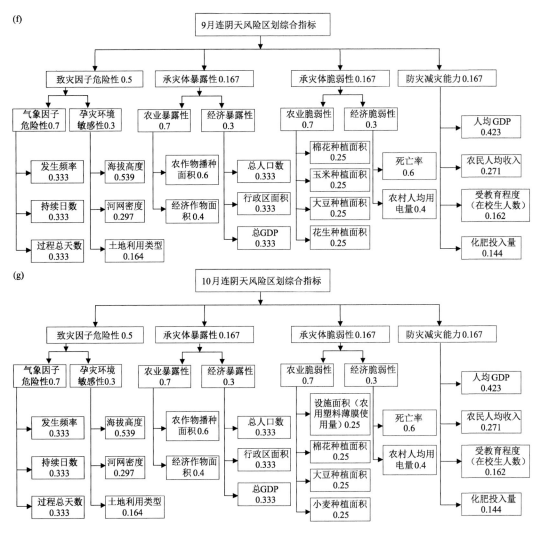

图 7.1　山东省连阴天风险评价指标系统及权重值

第二节　致灾因子危险性区划

一、气象因子危险性区划

选取 1—12 月不同月份连阴天发生频率、单次连阴天过程的平均持续日数及连阴天过程的总天数作为连阴天气象危险性致灾因子,并在计算气象因子危险性时进行极大值标准化,将标准化后的连阴天发生频率、单次连阴天过程的平均持续日数及连阴天过程的总天数进行叠加,构成气象因子危险性指数,其表达式为:

$$Q = \sum_{i=1}^{3} \lambda_i X_i \quad (i = 3) \tag{7.1}$$

式中,Q 表示不同月份连阴天气象因子危险性指数,X_1、X_2、X_3 分别为连阴天发生频率、单次连阴天过程的平均持续日数及连阴天过程的总天数;λ_1、λ_2、λ_3 为因子权重,$\lambda_1=0.333$,$\lambda_2=0.333$,$\lambda_3=0.333$。

根据公式(7.1)计算得到不同月份连阴天气象因子危险性指数,并采用自然分级法得到山东省不同月份连阴天气象因子危险性区划结果。

(一)1 月连阴天气象因子危险性

山东省 1 月连阴天气象因子危险性区划见图 7.2。山东省 1 月连阴天气象因子危险性整体上呈现出自西南向东北减小的趋势。具体表现为:高值区主要分布在菏泽市、济宁市、枣庄市、聊城市等地;低值区主要分布在烟台市、威海市、青岛市、东营市等地。

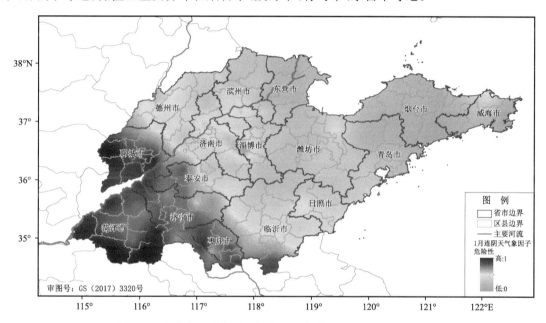

图 7.2　山东省 1 月连阴天气象因子危险性区划结果空间分布

(二)2 月连阴天气象因子危险性

山东省 2 月连阴天气象因子危险性区划见图 7.3。山东省 2 月连阴天气象因子危险性整体上呈现出由西南向东北减小的趋势。具体表现为:高值区主要分布在菏泽市、聊城市、济宁市、枣庄市等地;低值区主要分布在烟台市、青岛市、东营市、威海市等地。

(三)3 月连阴天气象因子危险性

山东省 3 月连阴天气象因子危险性区划见图 7.4。山东省 3 月连阴天气象因子危险性整体表现出自西南向东北逐渐减小的趋势。具体表现为:高值区主要分布在菏泽市、枣庄市、济宁市和临沂市等地,其他市县分布较少;低值区主要分布在烟台市、青岛市、东营市、威海市等地。

(四)4 月连阴天气象因子危险性

山东省 4 月连阴天气象因子危险性区划见图 7.5。山东省 4 月连阴天气象因子危险性总体上表现出自西南向东北逐渐减小的趋势。具体表现为:高值区主要分布在菏泽市、济宁市、枣庄市、临沂市、聊城市等地;低值区主要分布在烟台市、青岛市、东营市、威海市、滨州市、潍坊

123

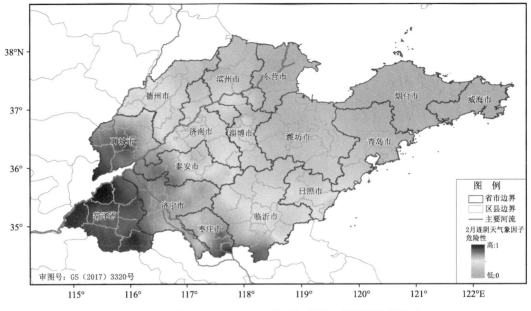

图 7.3 山东省 2 月连阴天气象因子危险性区划结果空间分布

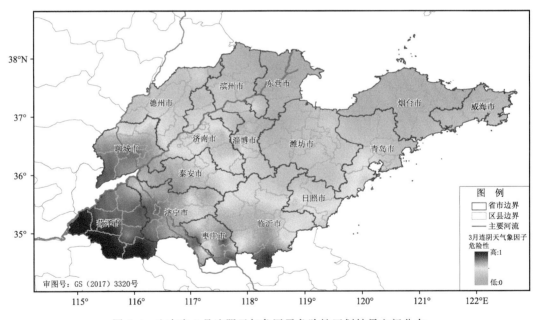

图 7.4 山东省 3 月连阴天气象因子危险性区划结果空间分布

市等地。

(五) 5 月连阴天气象因子危险性

山东省 5 月连阴天气象因子危险性区划见图 7.6。山东省 5 月连阴天气象因子危险性大体上呈现出自南向北逐渐减小的趋势。具体表现为：高值区主要分布在菏泽市、济宁市、日照市和青岛市等地；低值区主要分布在滨州市、东营市和烟台市、淄博市部分地区。

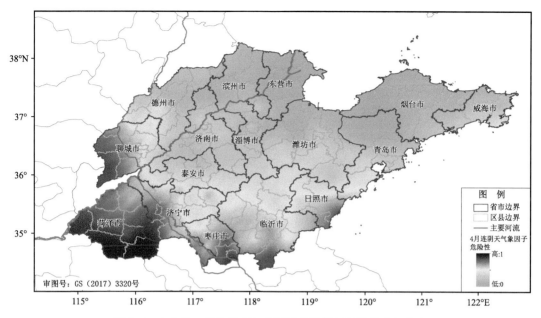

图 7.5　山东省 4 月连阴天气象因子危险性区划结果空间分布

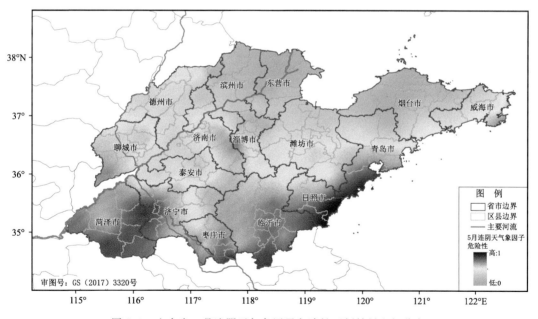

图 7.6　山东省 5 月连阴天气象因子危险性区划结果空间分布

（六）6 月连阴天气象因子危险性

　　山东省 6 月连阴天气象因子危险性区划见图 7.7。山东省 6 月连阴天气象因子危险性整体上自南向北逐渐降低。具体分布为:高值区主要分布在威海市、日照市、临沂市、枣庄市以及青岛南部部分地区;低值区主要分布在滨州市、东营市、潍坊市、烟台市以及青岛北部等部分地区。

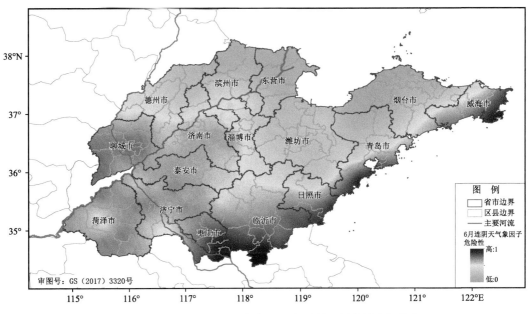

图 7.7　山东省 6 月连阴天气象因子危险性区划结果空间分布

(七)7 月连阴天气象因子危险性

山东省 7 月连阴天气象因子危险性区划见图 7.8。山东省 7 月连阴天气象因子危险性整体上南高北低。具体表现为:高值区主要分布在菏泽市、枣庄市和威海市等地,低值区主要分布在滨州市、东营市、烟台市等地。

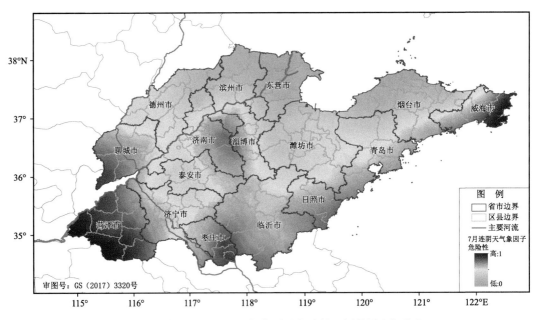

图 7.8　山东省 7 月连阴天气象因子危险性区划结果空间分布

（八）8月连阴天气象因子危险性

山东省8月连阴天气象因子危险性区划见图7.9。除半岛大部和鲁西北及鲁中部分地区外,山东省大部分地区8月连阴天气象因子危险性指数较高。具体表现为:高值区主要分布在枣庄市、临沂市、济南市、淄博市和聊城市等地;低值区主要分布在烟台市和青岛等地大部分地区及东营市和潍坊市部分地区。

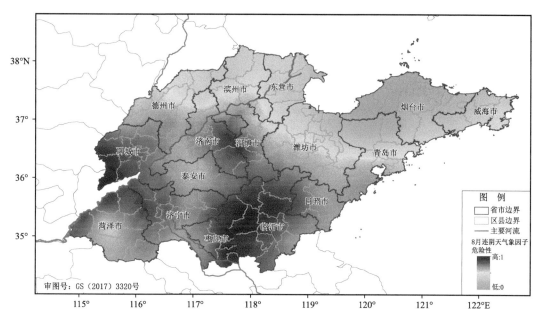

图7.9　山东省8月连阴天气象因子危险性区划结果空间分布

（九）9月连阴天气象因子危险性

山东省9月连阴天气象因子危险性区划见图7.10。山东省9月连阴天气象因子危险性整体上呈现出自西南向东北减小的趋势。具体表现为:高值区主要分布在菏泽市、济宁市、枣庄市、临沂市及聊城市等地;低值区主要分布在烟台市、威海市、青岛市及东营市等地。

（十）10月连阴天气象因子危险性

山东省10月连阴天气象因子危险性区划见图7.11。山东省10月连阴天气象因子危险性整体上自东北向西南逐渐增多。具体表现为:高值区主要分布在菏泽市和聊城市等地;低值区主要分布在烟台市、威海市、青岛市大部分地区,东营市和潍坊市部分地区也有分布。

（十一）11月连阴天气象因子危险性

山东省11月连阴天气象因子危险性区划见图7.12。山东省11月连阴天气象因子整体上呈现出由西向东减小的空间分布特征。具体表现为:高值区主要分布在聊城市、济宁市、菏泽市、枣庄市、临沂市、济南市等地;低值区主要分布在烟台市、青岛市、威海市大部分地区,滨州市、淄博市和潍坊市也有分布。

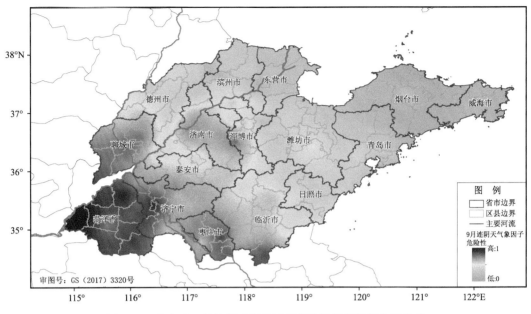

图 7.10　山东省 9 月连阴天气象因子危险性区划结果空间分布

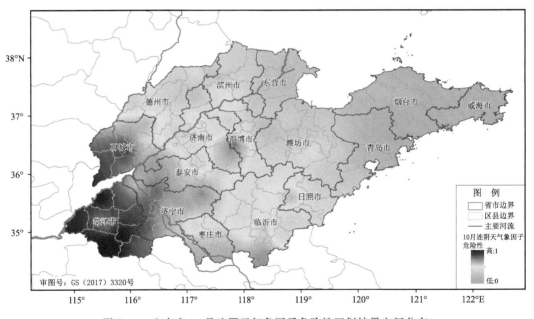

图 7.11　山东省 10 月连阴天气象因子危险性区划结果空间分布

(十二)12 月连阴天气象因子危险性

山东省 12 月连阴天气象因子危险性区划见图 7.13。山东省 12 月连阴天气象因子危险性空间整体上表现出自西南向东北逐渐减小的趋势。具体表现为:高值区主要分布在菏泽市、济宁市、聊城市、枣庄市等地;低值区主要分布在烟台市、青岛市、威海市、东营市等地。

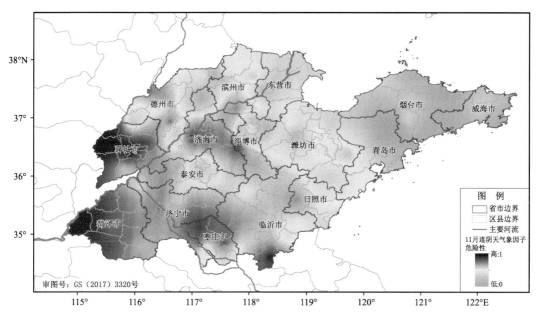

图 7.12　山东省 11 月连阴天气象因子危险性区划结果空间分布

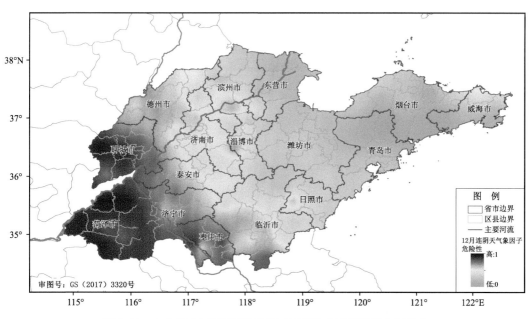

图 7.13　山东省 12 月连阴天气象因子危险性区划结果空间分布

二、孕灾环境敏感性区划

（一）孕灾环境敏感性因子

　　海拔高度作为重要的地形因子，对连阴天有着重要的影响；受地势抬高影响，海拔越高，越易形成地形雨造成降水，也有研究指出，山地连阴雨天气山区多于平原，同时，根据分析泰山站

(海拔高度 1533.7 m)及泰安站(海拔高度 128.6 m)自动气象站观测资料显示,泰山站连阴天发生频率及连阴天持续日数均多于泰安站。河网密度会改变区域小气候,河网密度越大的地区,水汽越多,发生连阴天灾害的可能性越高。

此外,不同土地利用类型对发生连阴天的可能性影响不同,建设用地、水域面积越大越能增加发生连阴天的可能性,未利用地对连阴天的影响最小。因此将不同土地利用类型进行打分,如表 7.2 所示。

表 7.2 土地利用类型分值

土地利用类型	未利用地	耕地	草地	林地	水域	建设用地
分值(分)	1	2	3	4	5	6

因此,本书在计算时选取海拔高度、河网密度和土地利用类型作为孕灾环境敏感性因子,并进行极大值标准化。

(二)孕灾环境敏感性综合区划结果

将标准化后的海拔高度、河网密度和土地利用类型进行叠加,构建孕灾环境敏感性指数,其表达式为:

$$Y = \sum_{i=1}^{3} \lambda_i X_i \quad (i = 1, 2, 3) \tag{7.2}$$

式中,Y 表示连阴天孕灾环境敏感性指数,X_1、X_2、X_3 分别为海拔高度、河网密度和土地利用类型;λ_1、λ_2、λ_3 为因子权重,$\lambda_1 = 0.539$,$\lambda_2 = 0.297$,$\lambda_3 = 0.164$。

山东省连阴天孕灾环境敏感性区划结果见图 7.14。可以看出,山东省绝大部分地区连阴天孕灾环境敏感性较低;高值区主要分布在济南市和淄博市大部分地区、滨州市、东营市、德州市和临沂市部分地区,其他各市零星分布。

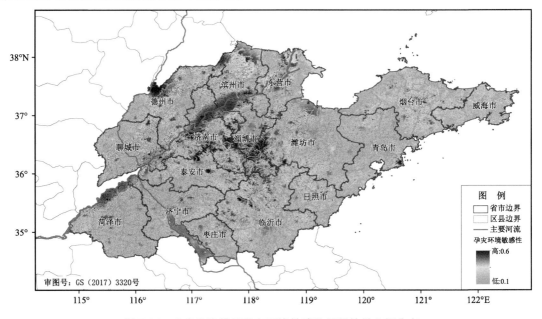

图 7.14 山东省连阴天孕灾环境敏感性区划结果空间分布

三、致灾因子危险性区划结果

将1—12月连阴天的气象因子危险性和孕灾环境敏感性指数进行累加,得到致灾因子危险性指数,其表达式为:

$$W = \sum_{i=1}^{2} \lambda_i X_i \quad (i = 1, 2) \tag{7.3}$$

式中,W表示连阴天危险性指数,X_1、X_2分别为气象因子危险性指数、孕灾环境敏感性指数;λ_1、λ_2为因子权重,$\lambda_1 = 0.7$,$\lambda_2 = 0.3$。

根据公式(7.3)计算得到连阴天致灾因子危险性指数,并采用自然分级法得到山东省不同月份连阴天危险性区划结果。

(一)1月连阴天致灾因子危险性

山东省1月连阴天致灾因子危险性区划结果见图7.15。山东省1月连阴天致灾因子危险性大体上呈东北低、西南高的特点,低、中、高危险区分别占到全省面积的34.8%、37.5%、27.7%。其中,菏泽市、济宁市、枣庄市、聊城市、泰安市等地部分地区为高危险性最集中分布的区域;低危险区主要分布在威海市、烟台市、青岛市、潍坊市、东营市等地;其他地区为中危险区。

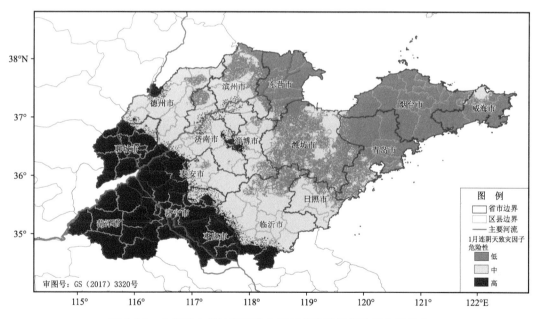

图7.15　山东省1月连阴天致灾因子危险性区划结果空间分布

(二)2月连阴天致灾因子危险性

山东省2月连阴天致灾因子危险性区划结果见图7.16。山东省2月连阴天致灾因子危险性大体上呈东北低、西南高的特点,低、中、高危险区分别占到全省面积的36.4%、37.6%、26.0%。其中,菏泽市、济宁市,聊城市、泰安市、枣庄市、临沂市的部分地区为高危险性集中分布的区域;低危险区主要分布在滨州市、东营市、青岛市、烟台市和威海市;其他地区为中危险区。

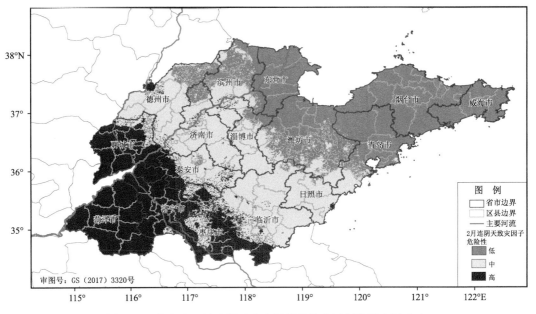

图 7.16　山东省 2 月连阴天致灾因子危险性区划结果空间分布

(三)3 月连阴天致灾因子危险性

山东省 3 月连阴天致灾因子危险性区划结果见图 7.17。山东省 3 月连阴天致灾因子危险性整体上表现出自西南向东北逐渐减小的趋势,低、中、高危险区分别占到全省面积的42.2%、36.2%、21.6%。其中,菏泽市和聊城市大部,济宁市、枣庄市、临沂市、泰安市、济南市的部分地区为高危险性集中分布的区域;低危险区主要分布在滨州市、东营市、潍坊市、烟台市、青岛市和威海市,以及德州市和淄博市等地部分地区;其他地区以中危险区为主。

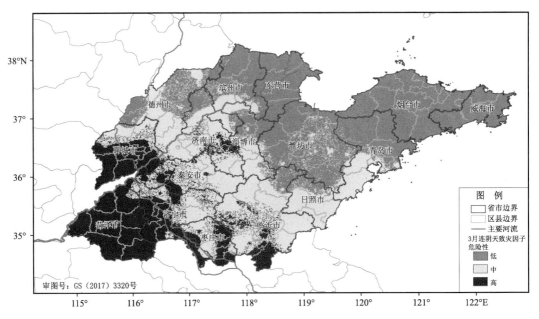

图 7.17　山东省 3 月连阴天致灾因子危险性区划结果空间分布

(四)4月连阴天致灾因子危险性

山东省4月连阴天致灾因子危险性区划结果见图7.18。山东省4月连阴天致灾因子危险性整体上呈现出由西南向东北减小的趋势,低、中、高危险区分别占到全省面积的37.9%、41.3%、20.8%。其中,菏泽市、聊城市、济宁市、枣庄市、临沂市、日照市等地大部分地区为高危险性集中分布的区域;低危险区主要分布在滨州市、东营市、青岛市、烟台市和威海市的大部,以及德州市、济南市、淄博市、泰安市和潍坊市部分地区;其他地区为中危险区。

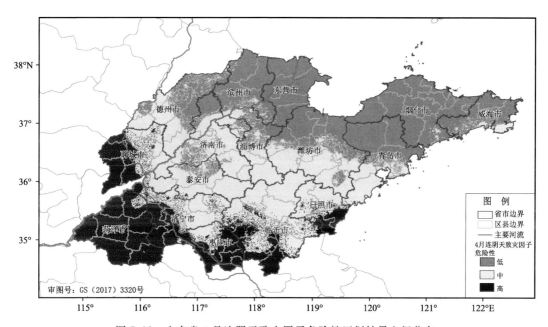

图 7.18　山东省 4 月连阴天致灾因子危险性区划结果空间分布

(五)5月连阴天致灾因子危险性

山东省5月连阴天致灾因子危险性区划结果见图7.19。山东省5月连阴天致灾因子危险性大体上呈现出自南向北逐渐减小的趋势,即鲁南大部和鲁中部分地区为高值区,鲁西北部分地区及半岛大部分地区为低值区;低、中、高危险区分别占到全省面积的23.3%、41.7%、35.0%。其中,南部的菏泽市和临沂市,以及济宁市、枣庄市、日照市大部,青岛市、聊城市、济南市和淄博市部分地区等区域为高危险性;低危险区主要分布在滨州市、东营市、烟台市大部,以及潍坊市、青岛市和淄博市部分地区;其他地区为中危险区。

(六)6月连阴天致灾因子危险性

山东省6月连阴天致灾因子危险性区划结果见图7.20。山东省6月连阴天致灾因子危险性大体上呈南高北低的特点,低、中、高危险区分别占到全省面积的32.3%、41.0%、26.7%。其中,聊城市、枣庄市、临沂市大部,以及菏泽、济宁市、日照、青岛市、威海市、济南市、泰安市和淄博市部分地区为高危险区;低危险区主要分布在滨州市、东营市、潍坊市、青岛市、烟台市大部分地区;其他地区为中危险区。

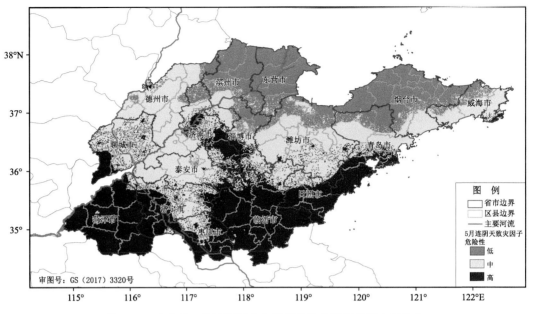

图 7.19　山东省 5 月连阴天致灾因子危险性区划结果空间分布

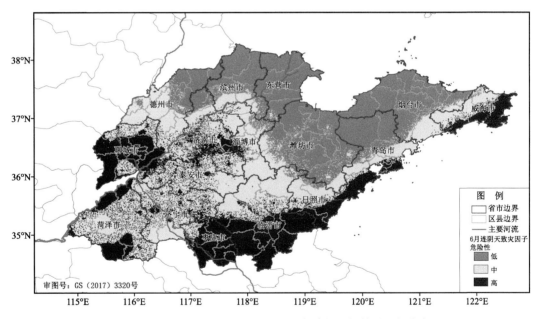

图 7.20　山东省 6 月连阴天致灾因子危险性区划结果空间分布

（七）7 月连阴天致灾因子危险性

山东省 7 月连阴天致灾因子危险性区划结果见图 7.21。山东省 7 月连阴天致灾因子危险性整体上南高北低，低、中、高危险区分别占到全省面积的 17.7%、46.2%、36.1%。其中，聊城市、菏泽市、枣庄市、济南市、临沂市、日照市、威海市大部分地区，以及青岛市、济宁市等地部分地区为高危险区；低危险区主要分布在滨州市、东营市及烟台市等地部分地区；其他地区为中危险区。

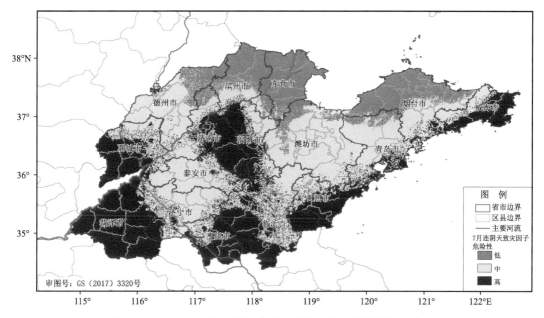

图 7.21 山东省 7 月连阴天致灾因子危险性区划结果空间分布

（八）8 月连阴天致灾因子危险性

山东省 8 月连阴天致灾因子危险性区划结果见图 7.22。山东省 8 月连阴天致灾因子危险性空间分布表现出明显的空间异质性，鲁南和鲁中大部分地区，以及鲁西北部分地区为高值区，半岛大部和鲁西北局部为低值区；低、中、高危险区分别占到全省面积 17.2%、33.9%、

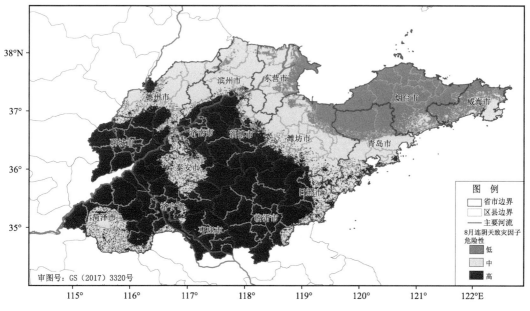

图 7.22 山东省 8 月连阴天致灾因子危险性区划结果空间分布

48.9%。其中,菏泽市、聊城市、济宁市、枣庄市、临沂市、济南市、淄博市、日照市等地为高危险性最集中分布的区域;低危险区主要分布烟台市、威海市和青岛市部分地区;其他地区为中危险区。

(九)9月连阴天致灾因子危险性

山东省9月连阴天致灾因子危险性区划结果见图7.23。山东省9月连阴天致灾因子危险性大体上呈东北低、西南高的特点,低、中、高危险区分别占到全省面积的26.9%、40.0%、33.1%。其中,聊城市、菏泽市、济宁市、枣庄市、临沂市、济南市和淄博市等地为高危险性最集中分布的区域;低危险区主要分布在东营市、烟台市、青岛市、威海市等地;其他地区为中危险区。

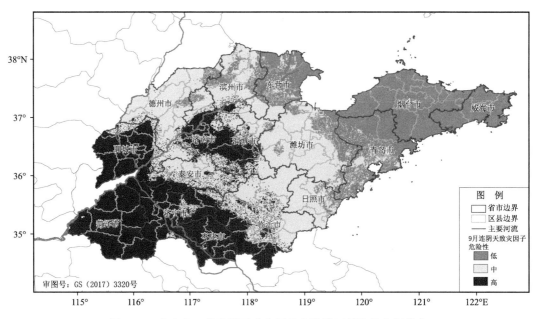

图7.23 山东省9月连阴天致灾因子危险性区划结果空间分布

(十)10月连阴天致灾因子危险性

山东省10月连阴天致灾因子危险性区划结果见图7.24。山东省10月连阴天致灾因子危险性整体上表现出东北低、西南高的特点,低、中、高危险区分别占到全省面积的26.5%、51.0%、22.5%。其中,菏泽市、济宁市、聊城市大部,以及泰安市、淄博市、枣庄市部分地区为高危险性最集中分布的区域;低危险区主要分布在威海市、烟台市、青岛市、东营市等地;其他地区为中危险区。

(十一)11月连阴天致灾因子危险性

山东省11月连阴天致灾因子危险性区划结果见图7.25。山东省11月连阴天致灾因子危险性整体上呈现出由西向东减小的空间分布特征,低、中、高危险区分别占到全省面积的20.2%、47.0%、32.8%。其中,聊城市、菏泽市、济宁市、枣庄市、济南市、淄博市、临沂市等地为高危险性最集中分布的区域;低危险区主要分布在威海市、烟台市、青岛市等地;其他地区以中危险区为主。

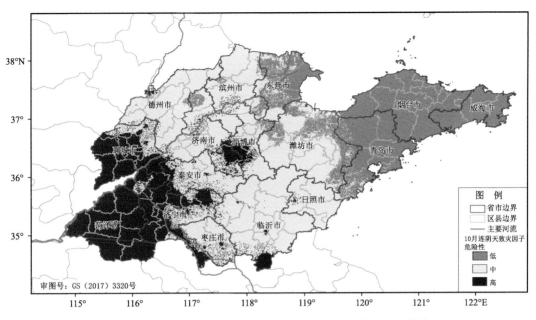

图 7.24　山东省 10 月连阴天致灾因子危险性区划结果空间分布

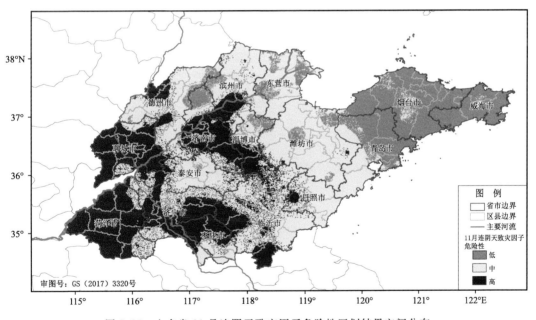

图 7.25　山东省 11 月连阴天致灾因子危险性区划结果空间分布

(十二)12 月连阴天致灾因子危险性

山东省 12 月连阴天致灾因子危险性区划结果见图 7.26。山东省 12 月连阴天致灾因子危险性整体上表现出自西南向东北逐渐减小的趋势,低、中、高危险区分别占到全省面积的39.7%、36.8%、23.5%。其中,聊城市、菏泽市、济宁市、枣庄市等地为高危险性最集中分布的区域;低危险区主要分布在威海市、烟台市、青岛市、潍坊市、东营市大部分区域;其他地区以中危险区为主。

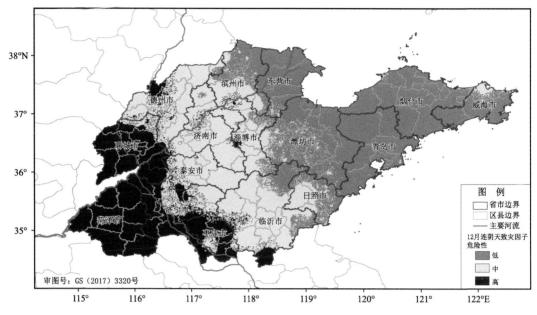

图 7.26　山东省 12 月连阴天致灾因子危险性区划结果空间分布

第三节　承灾体暴露性区划

一、农业暴露性区划

(一)农业暴露性因子

连阴天导致光照时长减小,从而影响农作物的生长发育,严重时可导致农作物的产量和品质降低。经济作物对自然条件要求较严格,连阴天可影响经济作物的生长发育以及光合作用,造成经济作物品质降低。本书选取农作物播种面积和经济作物面积作为农业暴露性因子,并在计算农业暴露性指数时进行极大值标准化。

(二)农业暴露性区划结果

将标准化后的农作物播种面积、经济作物面积进行叠加,得到农业暴露性指数模型,其表达式为:

$$B_{农业} = \sum_{i=1}^{2} \lambda_i X_i \quad (i=1,2) \tag{7.4}$$

式中,$B_{农业}$ 表示连阴天农业暴露性指数,X_1、X_2 分别为农作物播种面积、经济作物面积;λ_1、λ_2 为因子权重,$\lambda_1 = 0.6$,$\lambda_2 = 0.4$。

山东省连阴天农业暴露性区划结果见图 7.27。山东省农业暴露性空间分布具体表现为:高值区主要分布在菏泽市、临沂市、潍坊市;次高值区主要分布在聊城市、德州市、济宁市;低值区主要分布在东营市、淄博市、日照市、威海市等地。

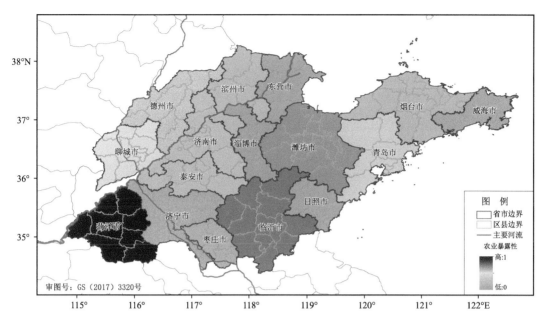

图 7.27　山东省连阴天农业暴露性区划结果空间分布

二、经济暴露性区划

(一)经济暴露性因子

总 GDP 越高,总人口数越多,灾害发生时,经济暴露性越强。行政区面积越大,灾害发生时,区域灾害危害程度空间分异越大,灾情破坏程度的信息越复杂,经济暴露性越强。因此本书在计算经济暴露性指数时选取总 GDP、总人口数、行政区面积作为经济暴露性因子,并进行极大值标准化。

(二)经济暴露性区划结果

将标准化后的总 GDP、总人口、行政区面积进行叠加,得到经济暴露性指数模型,其表达式为:

$$B_{经济} = \sum_{i=1}^{3} \lambda_i X_i \quad (i = 1, 2, 3) \tag{7.5}$$

式中,$B_{经济}$ 表示连阴天经济暴露性指数,X_1、X_2、X_3 分别为总 GDP、总人口数、行政区面积;λ_1、λ_2、λ_3 为因子权重,$\lambda_1 = 0.333$,$\lambda_2 = 0.333$,$\lambda_3 = 0.333$。

山东省连阴天经济暴露性区划结果见图 7.28。山东省连阴天经济暴露性高值区主要分布在青岛市、烟台市、潍坊市、临沂市及济南市;次高值区分布在菏泽市、济宁市;低值分布在日照市、枣庄市、威海市、滨州市、东营市、淄博市、泰安市、德州市、聊城市。

三、承灾体暴露性区划结果

将连阴天农业暴露性和经济暴露性指数进行累加,得到承灾体暴露性指数,其表达式为:

$$B = \sum_{i=1}^{2} \lambda_i X_i \quad (i = 1, 2) \tag{7.6}$$

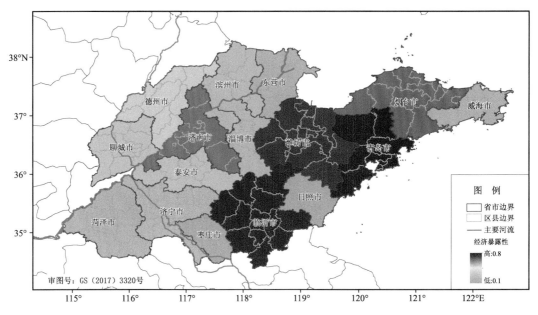

图 7.28　山东省连阴天经济暴露性区划结果空间分布

式中，B 表示连阴天暴露性指数，X_1、X_2 分别为农业暴露性指数、经济暴露性指数；λ_1、λ_2 为因子权重，$\lambda_1 = 0.7$，$\lambda_2 = 0.3$。

　　根据公式(7.6)计算得到承灾体暴露性指数，并采用自然分级法得到山东省连阴天承灾体暴露性区划结果，见图 7.29。山东省连阴天承灾体暴露性各市有所不同，低、中、高暴露性地区分别占全省面积的 18.3％、38.7％、42.9％。其中，高暴露性主要分布在菏泽市、济宁市、临沂市、潍坊市、青岛市；中暴露性分布在聊城市、德州市、滨州市、济南市、泰安市和烟台市；低暴露性分布较分散，主要在东营市、淄博市、枣庄市、日照市以及威海市。

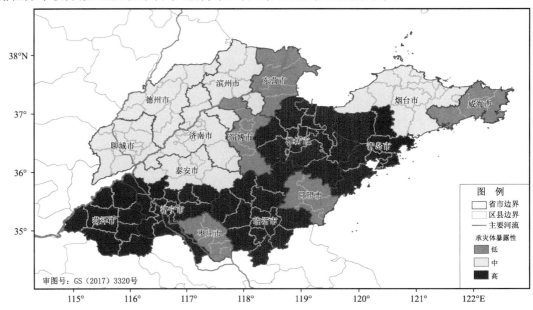

图 7.29　山东省连阴天承灾体暴露性区划结果空间分布

第四节　承灾体脆弱性区划

一、农业脆弱性区划

(一)农业脆弱性因子

1. 1—3月、11—12月连阴天农业脆弱性因子

持续连阴天,可造成设施内光照不足,温度低,不利于蔬菜生长。1—3月受连阴天影响较大的主要农业类型为设施农业,因此,选取设施种植面积作为脆弱性因子之一,由于年鉴中未找到该指标的各市数据,故采用农用塑料薄膜使用量代替。设施农业面积越大,脆弱性越大,本书在计算农业脆弱性指数时将此因子进行极大值标准化。

山东省农用塑料薄膜使用量空间分布如图 7.30 所示。山东省农用塑料薄膜使用量全省范围内空间分布不均匀。具体表现为:潍坊市、临沂市农用塑料薄膜使用量较大,其中潍坊市使用量最大,为 72878 t;菏泽市、聊城市次之;其他地区属于较低值区或低值区,威海市最少,为 3213 t。

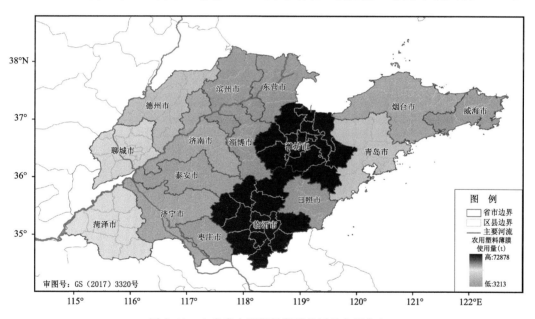

图 7.30　山东省农用塑料薄膜使用量空间分布

2. 4月连阴天农业脆弱性因子

山东省花生主要于4月播种,播种期间连阴天可能导致烂种;花生种植面积越大,灾害发生时,连阴天脆弱性越高。此外,4月仍是设施农业主要生产季,因此,本书在计算4月连阴天农业脆弱性指数时,选取花生种植面积和农用塑料薄膜使用量作为脆弱性因子,并进行极大值标准化。

3. 5月连阴天农业脆弱性因子

5月小麦处在灌浆期,小麦灌浆期间,如遇连阴天,易造成减产,因此选取小麦种植面积作为脆弱性因子。小麦种植面积越大,灾害发生时,连阴天脆弱性越高,本书在计算农业脆弱性指数时将此因子进行极大值标准化。

4.6月连阴天农业脆弱性因子

6月山东省小麦处在灌浆至收获期,玉米、大豆处在播种期,均易受连阴天影响,因此选取小麦种植面积、玉米种植面积及大豆种植面积作为脆弱性因子,并在计算农业脆弱性指数时进行极大值标准化。

5.7—8月连阴天农业脆弱性因子

7—8月山东省棉花处在开花至裂铃吐絮期,连阴天易影响花蕾发育、蕾铃脱落,造成棉花产量及品质下降等。棉花种植面积越大,灾害发生时,连阴天脆弱性越高。本书在计算农业脆弱性时选取棉花种植面积作为脆弱性因子,并进行极大值标准化。

6.9月连阴天农业脆弱性因子

9月山东省棉花处在裂铃吐絮期,玉米处在灌浆期,花生处在成熟期,大豆处在鼓粒期,均易受连阴天影响,因此选取棉花种植面积、玉米种植面积、花生种植面积、大豆种植面积作为脆弱性因子,且种植面积越大,脆弱性越大。本书在计算农业脆弱性时将选取的脆弱性因子进行极大值标准化。

7.10月连阴天农业脆弱性因子

10月为设施农业主要生产季,此外棉花处在裂铃吐絮至停止生长期,大豆处在鼓粒～成熟收获期,小麦处在播种期,均易受连阴天影响,且种植面积越大,脆弱性越大。本书在计算农业脆弱性时,选取农用塑料薄膜使用量、棉花种植面积、大豆种植和小麦种植面积作为农业脆弱性因子,并进行极大值标准化。

(二)农业脆弱性综合区划结果

1.1—3月、11—12月连阴天农业脆弱性

将农用塑料薄膜使用量进行标准化得到1—3月和11—12月连阴天农业脆弱性指数,其表达式为:

$$C_{1-3月、11-12月农业} = \sum_{i=1}^{1} \lambda_i X_i \quad (i=1) \tag{7.7}$$

式中,$C_{1-3月、11-12月农业}$表示1—3月和11—12月连阴天农业脆弱性指数,X为农用塑料薄膜使用量;λ_1为因子权重,$\lambda_1=1$。

山东省1—3月和11—12月连阴天农业脆弱性区划结果见图7.31。山东省1—3月和11—12月连阴天农业脆弱性表现出显著的空间差异性较大。具体表现为:高值区分布潍坊市、临沂市;较高值区分布在聊城市、菏泽市;其他地区农业脆弱性指数值相对较低。

2.4月连阴天农业脆弱性

将标准化后的农用塑料薄膜使用量、花生种植面积进行叠加,得到4月连阴天农业脆弱性指数模型,其表达式为:

$$C_{4月农业} = \sum_{i=1}^{2} \lambda_i X_i \quad (i=1,2) \tag{7.8}$$

式中,$C_{4月农业}$表示4月连阴天农业脆弱性指数,X_1、X_2分别为农用塑料薄膜使用量、花生种植面积;λ_1、λ_2为因子权重,$\lambda_1=0.6$,$\lambda_2=0.4$。

山东省4月连阴天农业脆弱性区划结果见图7.32。山东省4月连阴天农业脆弱性表现出显著的空间差异性较大。具体表现为:高值区分布在潍坊市、临沂市;较高值区分布在菏泽市、青

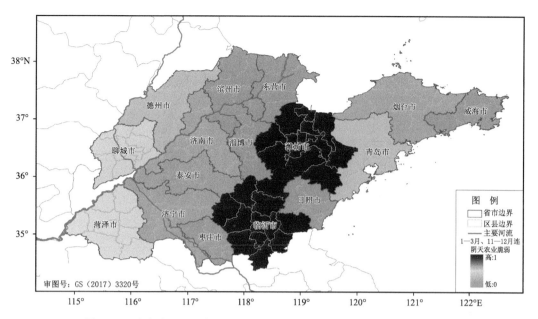

图 7.31　山东省 1—3 月、11—12 月连阴天农业脆弱性区划结果空间分布

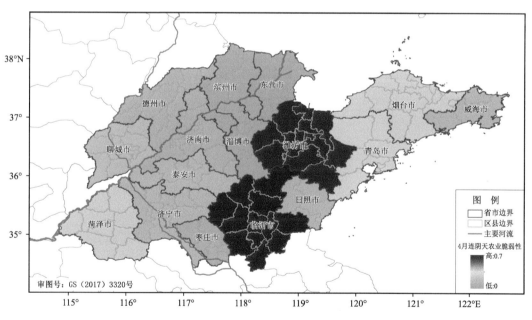

图 7.32　山东省 4 月连阴天农业脆弱性区划结果空间分布

岛市、烟台市;低值区分布在东营市、滨州市、淄博市、枣庄市、威海市,其他地区为较低值区。

　　3.5 月连阴天农业脆弱性

　　将小麦种植面积进行标准化得到 5 月连阴天农业脆弱性指数,其表达式为:

$$C_{5月农业} = \sum_{i=1}^{1} \lambda_i X_i \quad (i=1) \tag{7.9}$$

式中,$C_{5月农业}$ 表示 5 月连阴天农业脆弱性指数,X 为小麦种植面积;λ_1 为因子权重,$\lambda_1 = 1$。

山东省5月连阴天农业脆弱性区划结果见图7.33。山东省5月连阴天农业脆弱性空间分布差异性显著。具体表现为:高值区分布在菏泽市、德州市;较高值区分布在聊城市、济宁市、潍坊市、临沂市、滨州市;较低值区分布在青岛市、济南市、泰安市、枣庄市;低值区分布在东营市、淄博市、日照市、烟台市、威海市。

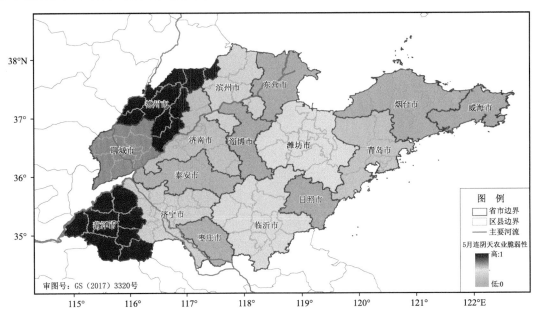

图7.33 山东省5月连阴天农业脆弱性区划结果空间分布

4.6月连阴天农业脆弱性

将标准化后的小麦种植面积、玉米种植面积、大豆种植面积进行叠加,得到6月连阴天农业脆弱性指数模型,其表达式为:

$$C_{6月农业} = \sum_{i=1}^{3} \lambda_i X_i \quad (i=1,2,3) \tag{7.10}$$

式中,$C_{6月农业}$表示6月连阴天农业脆弱性指数,X_1、X_2、X_3分别为小麦种植面积、玉米种植面积、大豆种植面积;λ_1、λ_2、λ_3为因子权重,$\lambda_1=0.5$,$\lambda_2=0.25$,$\lambda_3=0.25$。

山东省6月连阴天农业脆弱性区划结果见图7.34。山东省6月连阴天农业脆弱性空间分布具体表现为:高值区分布在菏泽市;较高值区分布在德州市、济宁市、聊城市、潍坊市、临沂市、滨州市;较低值区分布在济南市、泰安市、青岛市、烟台市、枣庄市;低值区分布在东营市、淄博市、日照市、威海市。

5.7—8月连阴天农业脆弱性

将棉花种植面积进行标准化得到7月连阴天农业脆弱性指数,其表达式为:

$$C_{7-8月农业} = \sum_{i=1}^{1} \lambda_i X_i \quad (i=1) \tag{7.11}$$

式中,$C_{7-8月农业}$表示7—8月连阴天农业脆弱性指数,X_1为棉花种植面积;λ_1为因子权重,$\lambda_1=1$。

山东省7—8月连阴天农业脆弱性区划结果见图7.35。山东省7—8月连阴天农业脆弱性各市空间分布不同。具体表现为:高值区分布在菏泽市、济宁市;较高值区分布在德州市、滨

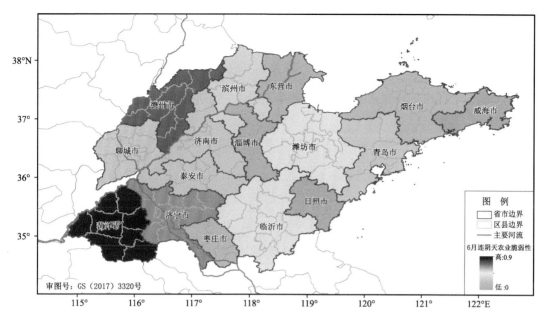

图 7.34　山东省 6 月连阴天农业脆弱性区划结果空间分布

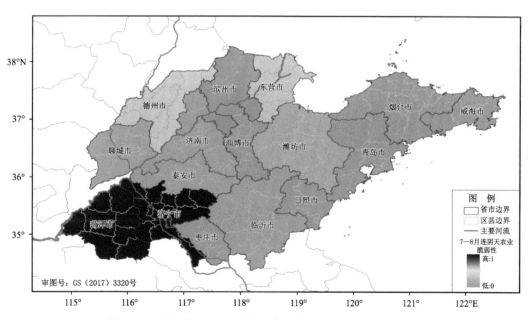

图 7.35　山东省 7—8 月连阴天农业脆弱性区划结果空间分布

州市、东营市;其他大部分地区为低值区。

6.9 月连阴天农业脆弱性

将标准化后的棉花种植面积、玉米种植面积、大豆种植面积、花生种植面积进行叠加,得到
9 月连阴天农业脆弱性指数模型,其表达式为:

$$C_{9月农业} = \sum_{i=1}^{4} \lambda_i X_i \quad (i = 1,2,3,4) \tag{7.12}$$

式中,$C_{9月农业}$表示 9 月连阴天农业脆弱性指数,X_1、X_2、X_3、X_4 分别为棉花种植面积、玉米种植面积、大豆种植面积、花生种植面积;λ_1、λ_2、λ_3、λ_4 为因子权重,$\lambda_1 = 0.25$、$\lambda_2 = 0.25$、$\lambda_3 = 0.25$、$\lambda_4 = 0.25$。

山东省 9 月连阴天农业脆弱性区划结果见图 7.36。山东省 9 月连阴天农业脆弱性空间分布具体表现为:高值区分布在菏泽市;较高值区分布在济宁市、临沂市、德州市;其他大部分地区为较低值区或低值区。

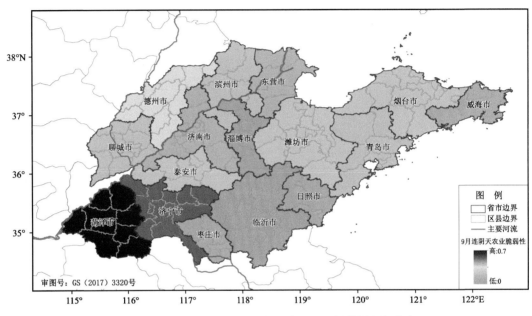

图 7.36 山东省 9 月连阴天农业脆弱性区划结果空间分布

7.10 月连阴天农业脆弱性

将标准化后的农用塑料薄膜使用量、棉花种植面积、大豆种植面积、小麦种植面积进行叠加,得到 10 月连阴天农业脆弱性指数模型,其表达式为:

$$C_{10月农业} = \sum_{i=1}^{4} \lambda_i X_i \qquad (i = 1,2,3,4) \tag{7.13}$$

式中,$C_{10月农业}$表示 10 月连阴天农业脆弱性指数,X_1、X_2、X_3、X_4 分别为农用塑料薄膜使用量、棉花种植面积、大豆种植面积、小麦种植面积;λ_1、λ_2、λ_3 为因子权重,$\lambda_1 = 0.25$,$\lambda_2 = 0.25$,$\lambda_3 = 0.25$,$\lambda_4 = 0.25$。

山东省 10 月连阴天农业脆弱性区划结果见图 7.37。山东省 10 月连阴天农业脆弱性空间分布具体表现为:高值区分布在菏泽市;较高值区分布在济宁市、潍坊市、临沂市、德州市;其他大部分地区为较低值区或低值区。

二、经济脆弱性区划

(一)经济脆弱性因子

本书在计算经济脆弱性指数选取死亡率、农村人均用电量作为经济脆弱性因子,且进行极大值标准化。

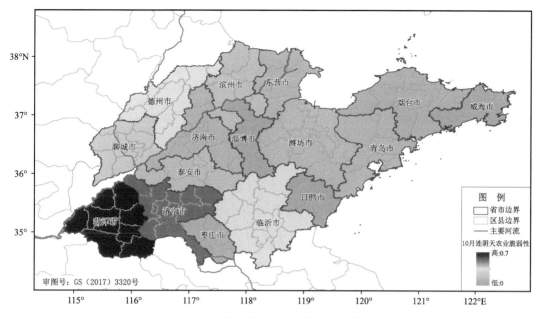

图7.37　山东省10月连阴天农业脆弱性区划结果空间分布

（二）经济脆弱性综合区划结果

将标准化后的死亡率、农村人均用电量进行叠加，得到连阴天经济脆弱性指数模型，其表达式为：

$$C_{经济} = \sum_{i=1}^{2} \lambda_i X_i \quad (i = 1, 2) \tag{7.14}$$

式中，$C_{经济}$ 表示连阴天经济脆弱性指数，X_1、X_2 分别为死亡率、农村人均用电量；λ_1、λ_2 为因子权重，$\lambda_1 = 0.6$，$\lambda_2 = 0.4$。

山东省连阴天经济脆弱性区划结果见图7.38。山东省连阴天经济脆弱性空间分布具体表现为：滨州市为高值区，潍坊市、菏泽市、枣庄市、淄博市、烟台市、威海市为较高值区；较低值区主要分布在聊城市、济南市、泰安市、日照市和青岛市；其他地区为低值区。

三、承灾体脆弱性区划结果

将不同月份连阴天的农业脆弱性和经济脆弱性指数进行累加，得到承灾体脆弱性指数，其表达式为：

$$C = \sum_{i=1}^{2} \lambda_i X_i \quad (i = 1, 2) \tag{7.15}$$

式中，C 表示连阴天脆弱性指数，X_1、X_2 分别为连阴天的农业脆弱性指数、经济脆弱性指数；λ_1、λ_2 为因子权重，$\lambda_1 = 0.7$，$\lambda_2 = 0.3$。

根据公式(7.15)计算得到连阴天承灾体脆弱性指数，并采用自然分级法得到山东省不同月份连阴天脆弱性区划结果。

（一）1—3月、11—12月连阴天承灾体脆弱性

山东省1—3月、11—12月连阴天承灾体脆弱性区划结果见图7.39。山东省1—3月和

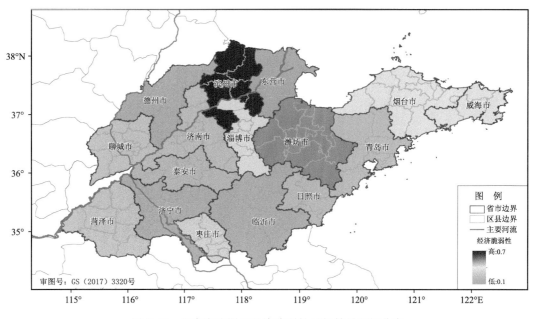

图 7.38　山东省连阴天经济脆弱性区划结果空间分布

11—12月连阴天承灾体脆弱性空间分布不均匀,低、中、高脆弱区分别占到全省面积的20.0%、30.8%、49.2%。其中菏泽市、聊城市、滨州市、潍坊市、临沂市、烟台市为高脆弱性最集中分布的区域;中脆弱性区主要在德州市、济南市、淄博市、枣庄市、青岛市、威海市;其他地区为低脆弱性区域。

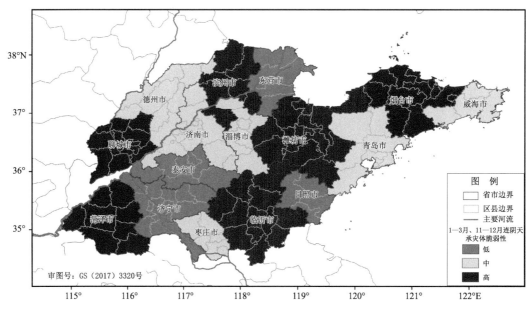

图 7.39　山东省1—3月、11—12月连阴天承灾体脆弱性区划结果空间分布

（二）4月连阴天承灾体脆弱性

山东省4月连阴天承灾体脆弱性区划结果见图7.40。山东省4月连阴天承灾体脆弱性空间分布差异性较大,低、中、高脆弱区分别占到全省面积的45.6%、33.4%、21.0%。其中,潍坊市、临沂市为高脆弱性最集中分布的区域;中脆弱性区域主要分布在菏泽市、滨州市、滨州市、青岛市、威海市、烟台市;其他地区为低脆弱性区域。

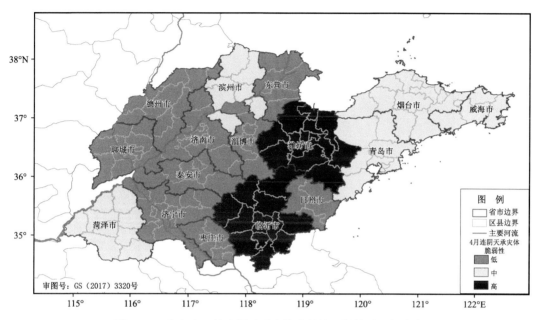

图7.40　山东省4月连阴天承灾体脆弱性区划结果空间分布

（三）5月连阴天承灾体脆弱性

山东省5月连阴天承灾体脆弱性区划结果见图7.41。山东省5月连阴天承灾体脆弱性低、中、高脆弱区分别占到全省面积的20.4%、36.3%、43.3%。其中,德州市、菏泽市、聊城市、滨州市、济宁市、潍坊市为高脆弱性最集中分布的区域;低脆弱性区域主要分布在泰安市、淄博市、东营市、日照市、威海市;其他地区为中脆弱性区域。

（四）6月连阴天承灾体脆弱性

山东省6月连阴天承灾体脆弱性区划结果见图7.42。山东省6月连阴天承灾体脆弱性低、中、高脆弱区分别占到全省面积的11.6%、34.2%、54.2%。其中,聊城市、德州市、滨州市、菏泽市、济宁市、潍坊市、临沂市等为高脆弱性最集中分布的区域;中脆弱性区主要分布在济南市、泰安市、淄博市、枣庄市、烟台市、青岛市;其他地区为低脆弱性区域。

（五）7—8月连阴天承灾体脆弱性

山东省7—8月连阴天承灾体脆弱性区划结果见图7.43。山东省7—8月连阴天承灾体脆弱性空间差异性明显,低、中、高脆弱区分别占到全省面积的54.8%、24.3%、20.9%。其中,菏泽市、济宁市、滨州市为高脆弱性最集中分布的区域;中脆弱区分布在德州市、东营市、潍坊市及枣庄市;其他地区为低脆弱性区域。

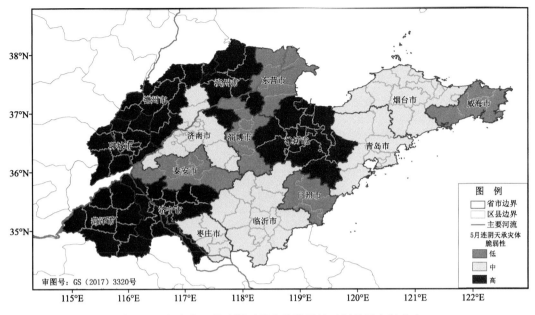

图 7.41　山东省 5 月连阴天承灾体脆弱性区划结果空间分布

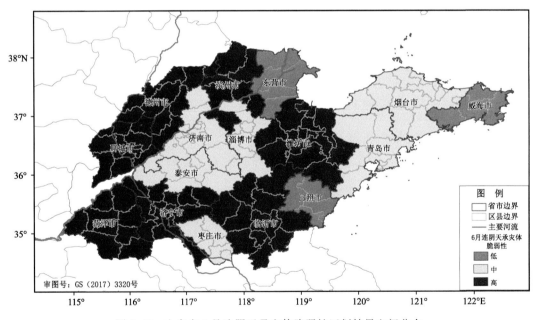

图 7.42　山东省 6 月连阴天承灾体脆弱性区划结果空间分布

（六）9 月连阴天承灾体脆弱性

山东省 9 月连阴天承灾体脆弱性区划结果见图 7.44。山东省 9 月连阴天承灾体脆弱性空间分布差异性较大,低、中、高脆弱区分别占到全省面积的 49.2%、43.1%、7.7%。其中,菏泽市为高脆弱性最集中分布的区域;中脆弱区分布在滨州市、济宁市、潍坊市、临沂市及烟台市;其他地区为低脆弱性区域。

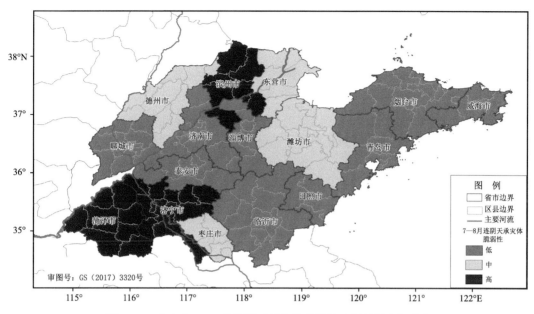

图 7.43　山东省 7—8 月连阴天承灾体脆弱性区划结果空间分布

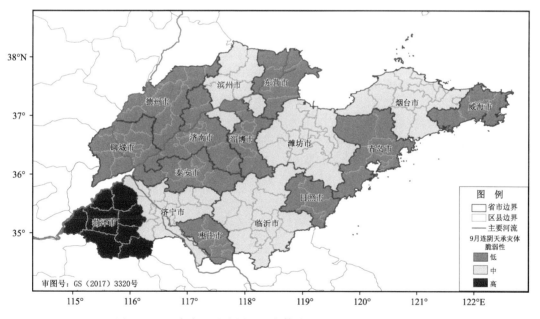

图 7.44　山东省 9 月连阴天承灾体脆弱性区划结果空间分布

(七)10 月连阴天承灾体脆弱性

山东省 10 月连阴天承灾体脆弱性区划结果见图 7.45。山东省 10 月连阴天承灾体脆弱性各市有所不同,低、中、高脆弱区分别占到全省面积的 43.0%、15.1%、41.9%。其中,菏泽市、济宁市、临沂市、潍坊市、滨州市等地为高脆弱性最集中分布的区域;中脆弱区分布范围较小,主要在聊城市、德州市及枣庄市;其他地区为低脆弱性区域。

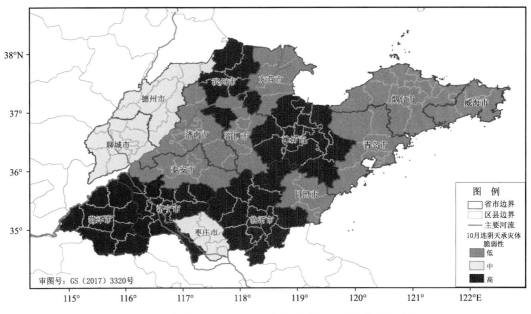

图 7.45　山东省 10 月连阴天承灾体脆弱性区划结果空间分布

第五节　防灾减灾能力区划

一、防灾减灾能力因子

防灾减灾能力是指承灾体能够从灾害中恢复的能力。人均 GDP 越高,居民宣传防灾减灾知识力度越大,民众储备必要的科学常识和自救知识比例越高,对组织民众进行灾害演练、模拟灾害现场、积累实战经验等措施配合程度也越高,防灾减灾能力越强。农民人均收入越高,可投入防灾减灾救灾建设方面的经费越高,防灾减灾能力也越强。在校生人数越多,一旦有灾害即将发生或者已经发生时,对政府采取的预案要求等响应越快,民众防灾减灾知识储备充足,自救互救能力较强,防灾减灾能力越强。化肥具有改良土壤、提高农作物抗逆性等功效,是抵御气象灾害、保证国家粮食安全的重要因素,在作物防灾减灾中发挥了重要作用;化肥投入量越大,防灾减灾能力越强。因此,本书在计算防灾减灾能力指数时选取人均 GDP、农民人均收入、在校生人数和化肥投入量作为防灾减灾能力因子,并进行极大值标准化。

二、防灾减灾能力区划结果

将标准化后人均 GDP、农民人均收入、在校生人数、化肥投入量进行累加,得到连阴天防灾减灾能力指数模型,其表达式为:

$$F = \sum_{i=1}^{4} \lambda_i X_i \quad (i = 1, 2, 3, 4) \tag{7.16}$$

式中,F 表示连阴天防灾减灾能力指数,X_1、X_2、X_3、X_4 分别为人均 GDP、农民人均收入、在校生人数、化肥投入量;λ_1、λ_2、λ_3、λ_4 为因子权重,$\lambda_1 = 0.423$,$\lambda_2 = 0.271$,$\lambda_3 = 0.162$,$\lambda_4 = 0.144$。

根据公式(7.16)计算得到防灾减灾能力指数,并采用自然分级法得到山东省连阴天防灾减灾能力区划结果,见图7.46。山东省连阴天灾害低防灾减灾能力、中防灾减灾能力、高防灾减灾能力区分别占到全省面积的30.4%、28.7%、40.9%。其中,高防灾减灾能力地区主要分布在济南市、青岛市、烟台市、威海市、潍坊市、东营市;中防灾减灾能力地区主要分布在德州市、滨州市、泰安市、淄博市、济宁市;低防灾减灾能力地区分布在菏泽市、聊城市、枣庄市、临沂市及日照市。

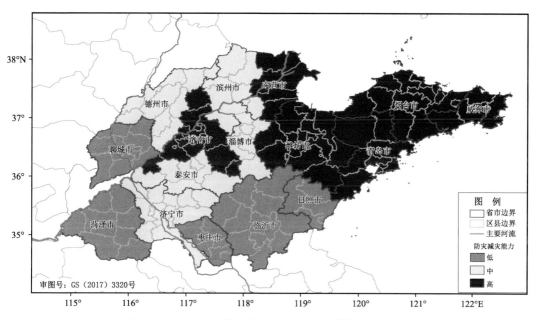

图 7.46　山东省连阴天防灾减灾能力区划结果空间分布

第六节　综合风险区划

将标准化后的连阴天危险性、暴露性、脆弱性、防灾减灾能力指数进行叠加,其中危险性、暴露性、脆弱性采用极大值标准化,防灾减灾能力指数采用极小值标准化,构成连阴天综合风险指数,其表达式为:

$$I = \sum_{i=1}^{4} \lambda_i X_i \quad (i = 1, 2, 3, 4) \tag{7.17}$$

式中,I表示连阴天综合风险指数,X_1、X_2、X_3、X_4分别为连阴天危险性、暴露性、脆弱性、防灾减灾能力指数;λ_1、λ_2、λ_3、λ_4为因子权重,$\lambda_1 = 0.5$,$\lambda_2 = 0.167$,$\lambda_3 = 0.167$,$\lambda_4 = 0.167$。

根据公式(7.17)计算得到连阴天综合风险指数,并采用自然分级法得到山东省不同月份连阴天综合风险区划结果。

一、1 月连阴天综合风险区划

山东省1月连阴天综合风险区划结果见图7.47。山东省1月连阴天低、中、高综合风险区分别占到全省面积的32.3%、45.7%、22.0%。其中,菏泽市、聊城市大部分地区,临沂市、枣庄市、济宁市等地部分地区为高风险性最集中分布的区域;低风险区主要分布东营市、烟台市、青岛市、威海市大部分地区,济南市、淄博市、日照市、滨州市等地部分地区;其他地区为中风险区。

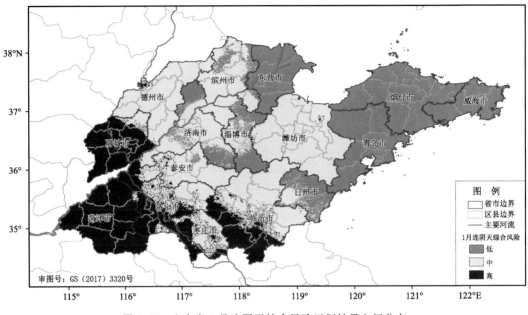

图 7.47　山东省 1 月连阴天综合风险区划结果空间分布

二、2 月连阴天综合风险区划

山东省 2 月连阴天综合风险区划结果见图 7.48。山东省 2 月连阴天低、中、高综合风险区分别占到全省面积的 25.0%、42.2%、32.8%。其中,菏泽市、聊城市、济宁市、临沂市大部,

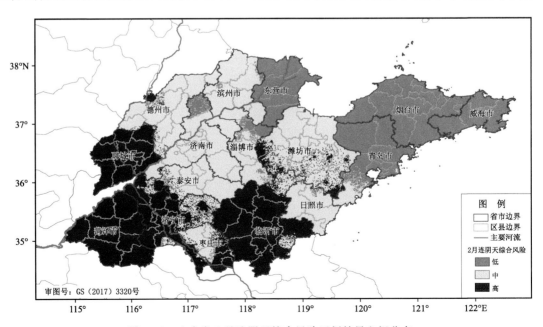

图 7.48　山东省 2 月连阴天综合风险区划结果空间分布

泰安市、枣庄市、潍坊市部分地区为高风险性集中分布的区域;低风险区主要分布在东营市、烟台市、青岛市、威海市大部,以及淄博市、滨州市等地部分地区;其他地区为中风险区。

三、3月连阴天综合风险区划

山东省3月连阴天综合风险区划结果见图7.49。山东省3月连阴天低、中、高综合风险区分别占到全省面积的27.6%、46.9%、25.5%。其中,菏泽市、聊城市、临沂市大部,以及枣庄市、济宁市等地部分地区为高风险性集中分布的区域;低风险区主要分布在东营市、烟台市、青岛市、威海市、淄博市大部,以及滨州市、日照市等地部分地区;其他地区为中风险区。

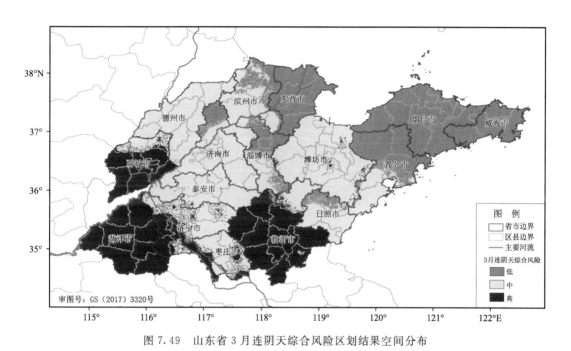

图7.49　山东省3月连阴天综合风险区划结果空间分布

四、4月连阴天综合风险区划

山东省4月连阴天综合风险区划结果见图7.50。山东省4月连阴天综合风险性空间分布差异性较大,低、中、高风险区分别占到全省面积的38.7%、37.1%、24.2%。其中,菏泽市、临沂市大部分地区,以及聊城市、枣庄市和济宁市等地部分地区为高风险性集中分布的区域;低风险区主要分布在东营市、淄博市、济南市、滨州市、烟台市、青岛市、威海市大部分地区,以及德州市、泰安市等地部分地区;其他地区为中风险区。

五、5月连阴天综合风险区划

山东省5月连阴天综合风险区划结果见图7.51。山东省5月连阴天低、中、高综合风险区分别占到全省面积的27.1%、49.1%、23.8%。其中,菏泽市和临沂市大部,聊城市、济宁市、枣庄市等地部分地区为高风险区主要分布区域;低风险区主要分布在东营市、滨州市、淄博市、烟台市、威海市大部分地区,以及济南市、泰安市、青岛市等地部分地区;其他地区为中风险区。

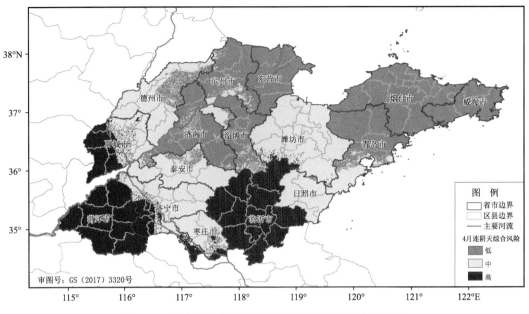

图 7.50　山东省 4 月连阴天综合风险区划结果空间分布

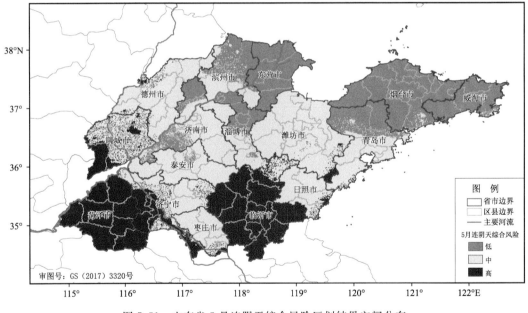

图 7.51　山东省 5 月连阴天综合风险区划结果空间分布

六、6 月连阴天综合风险区划

　　山东省 6 月连阴天综合风险区划结果见图 7.52。山东省 6 月连阴天综合风险性空间分布差异性较大,低、中、高风险区分别占到全省面积的 19.4%、45.4%、35.2%。其中,菏泽市、济宁市、临沂市、枣庄市、聊城市大部分地区为高风险性集中分布的区域;德州市、济南市、泰安市、日照市、青岛市等地部分地区也有分布;低风险区主要分布在东营、烟台市和青岛市大部

分地区,以及淄博市、滨州市、日照市及威海市等地部分地区;其他地区为中风险区。

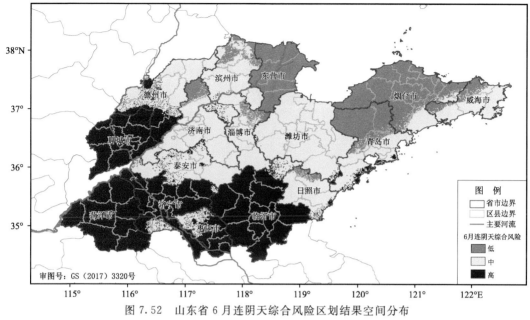

图 7.52　山东省 6 月连阴天综合风险区划结果空间分布

七、7 月连阴天综合风险区划

山东省 7 月连阴天综合风险区划结果见图 7.53。山东省 7 月连阴天低、中、高综合风险区分别占到全省面积的 29.6%、62.5%、7.9%。其中,菏泽市为高风险性最集中分布的区域,聊城市、临沂市也有零散分布;低风险区主要分布在东营市、烟台市、青岛市、威海市和滨州市大部分地区,以及济南市、泰安市、德州市、淄博市和日照市部分地区;其他地区为中风险区。

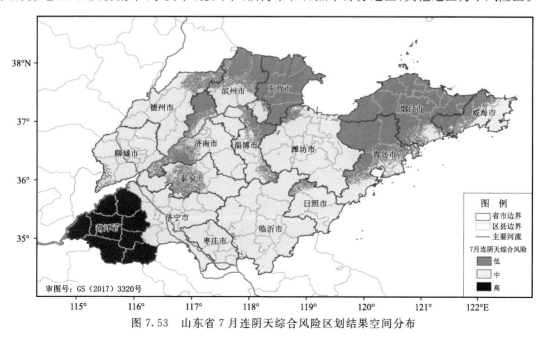

图 7.53　山东省 7 月连阴天综合风险区划结果空间分布

八、8月连阴天综合风险区划

山东省8月连阴天综合风险区划结果见图7.54。山东省8月连阴天低、中、高综合风险区分别占到全省面积的22.4%、44.1%、33.5%。其中,菏泽市、济宁市、枣庄市、临沂市、聊城市大部分地区,以及德州市、淄博市、潍坊市、日照市等地部分地区为高风险性最集中分布的区域;低风险区主要分布在东营市、烟台市、威海市、青岛市大部,以及滨州市等地部分地区;其他地区为中风险区。

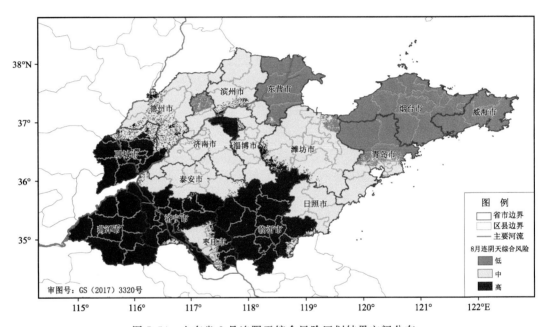

图7.54 山东省8月连阴天综合风险区划结果空间分布

九、9月连阴天综合风险区划

山东省9月连阴天综合风险区划结果见图7.55。山东省9月连阴天低、中、高综合风险区分别占到全省面积的30.7%、57.6%、11.7%。其中,菏泽市,以及济宁市、临沂市和聊城市等地部分地区为高风险性区域;低风险区主要分布在东营市、日照市、烟台市、青岛市、威海市,以及滨州市、淄博市、济南市等地部分地区;其他地区为中风险区。

十、10月连阴天综合风险区划

山东省10月连阴天综合风险区划结果见图7.56。山东省10月连阴天综合风险性空间分布差异性较大。低、中、高风险区分别占到全省面积的29.1%、60.0%、10.9%。其中,菏泽市,以及济宁市、聊城市等地部分地区为高风险区,临沂市也有零星分布;低风险区主要分布在东营市、烟台市、青岛市、威海市,以及日照市、淄博市、济南市、滨州市和德州市等地部分地区;其他地区为中风险区。

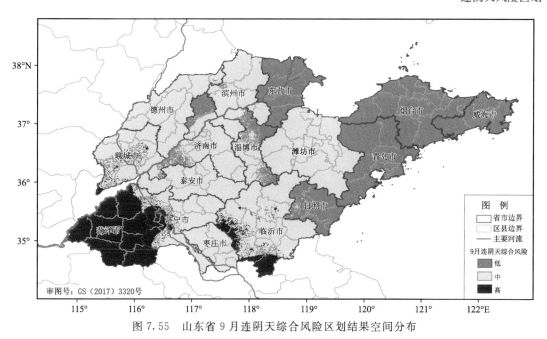

图 7.55　山东省 9 月连阴天综合风险区划结果空间分布

图 7.56　山东省 10 月连阴天综合风险区划结果空间分布

十一、11 月连阴天综合风险区划

山东省 11 月连阴天综合风险区划结果见图 7.57。山东省 11 月连阴天综合风险性空间分布有一定的差异性。低、中、高风险区分别占到全省面积的 24.4%、38.7%、36.9%。其中，菏泽市、临沂市、聊城市、潍坊市大部，以及济宁市、枣庄市、德州市部分地区为高风险集中分布的区域，济南市、淄博市、滨州市等地也有零星分布；低风险区主要分布在东营市、烟台市、威海市、青岛市大部地区，以及淄博市、滨州市、德州市等地部分地区；其他地区为中风险区。

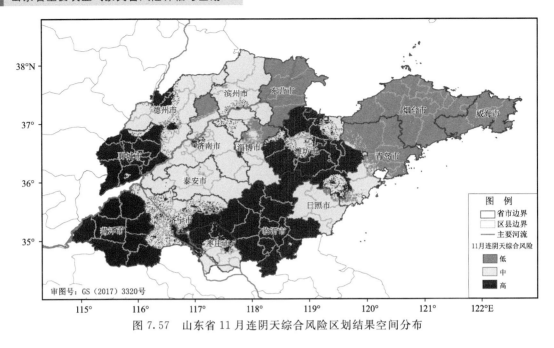

图 7.57　山东省 11 月连阴天综合风险区划结果空间分布

十二、12 月连阴天综合风险区划

　　山东省 12 月连阴天综合风险区划结果见图 7.58。山东省 12 月连阴天综合风险性空间分布差异性显著。低、中、高风险区分别占到全省面积的 32.9%、47.2%、19.9%。其中,菏泽市、聊城市、临沂市大部分地区,以及济宁市、枣庄市部分地区为高风险集中分布的区域,其他高风险区零散分布在德州市、潍坊市等地;低风险区主要分布在东营市、烟台市、青岛市、威海市、日照市、淄博市、济南市大部分地区,以及滨州市部分地区;其他地区为中风险区。

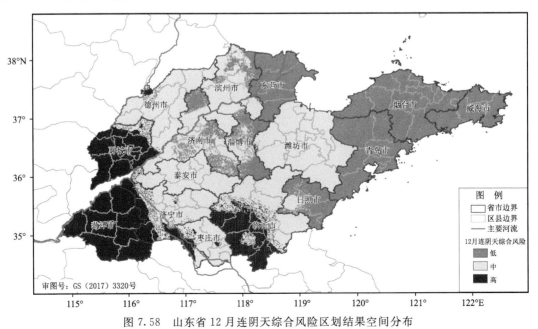

图 7.58　山东省 12 月连阴天综合风险区划结果空间分布